Los Terremotos en El Salvador

El problema sísmico de El Salvador

Ing. Rafael Colindres Selva

Editorial Segunda Fundación, 2013

Editado por: Carlos R. Colindres; Portada: Antiguo grabado francés del daño sufrido por la Catedral de San Salvador durante el Terremoto de 1873.

Editorial Segunda Fundación
Apartado Postal 67 Multiplaza
Antiguo Cuscatlán, El Salvador, Centro América.
editorialsf@gmail.com

ISBN: 99923-77-75-5
ISBN-13:9789992377758

CONTENIDO

INTRODUCCION

A continuación presentamos una serie de datos explicativos de los fenómenos sísmicos recientes en el país, los terremotos del año 2001.

Estos terremotos de los días 13 de Enero, 13 de Febrero y 17 de Febrero, tuvieron como característica principal que se produjeron en lugares diferentes tal cual se sabía que ocurriría (1965): el del 13 de Enero en la zona de subducción a unos 105 km. de la costa (Bocana del Río Lempa) y el del 13 de Febrero en la zona de los volcanes cercanos a San Salvador(a 18.2 km).

A la fecha no hemos logrado obtener datos oficiales de las instituciones del gobierno sobre el terremoto. Aquí se presentan algunos preliminares del U.S.G.S. de los Estados Unidos, de la Universidad Centroamericana "José Simeón Cañas" (UCA) y los que nosotros hemos logrado obtener y determinar.

—

Julio 2001
Rafael Colindres Selva

EL PROBLEMA SISMICO

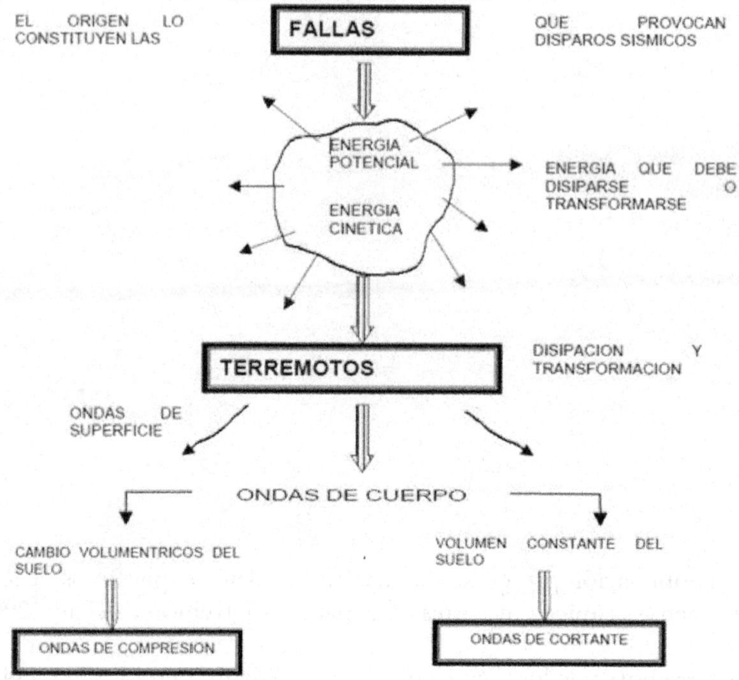

QUE SE TIENE EN EL BORATORIO:

- $\upsilon = \frac{\xi T}{\xi L}$ MODULO DE POISSON
- $E = \frac{\sigma}{\xi}$ MODULO DE ELASTICIDAD LINEAL
- $\rho = \frac{P_V}{g}$ DENSIDAD

NO APLICA MODULO DE POISSON

- $\mu = \frac{\tau}{\gamma}$ MODULO DE ELASTICIDAD AL CORTANTE
- $\rho = \frac{\rho_V}{g}$ DENSIDAD

$$\upsilon_p = \sqrt{\frac{(1-v)}{(1+v)(1-2v)} \frac{E}{\rho}}$$

VELOCIDAD DE ONDA DE COMPRESION

$$\upsilon_s = \sqrt{\frac{\mu}{\rho}}$$

VELOCIDAD DE ONDAS DE CORTANTE

ANTECEDENTES

LOS TERREMOTOS EN EL SALVADOR

CRONICAS DE LOS TERREMOTOS

Los primeros registros de terremotos que se tienen datan del año 1524 y se presentan a continuación:

LOS TERREMOTOS EN EL SALVADOR 1524- 1986	
FECHA	ANOTACION
1524	San Salvador. Primera Ruina de que se tiene noticia (V.M. Díaz y José María Cáceres).
Agosto, 1526	Gran terremoto que se extendió desde Guatemala (La Antigua) hasta San Salvador Cuscatlán; (Bernal Díaz del Castillo).
Mayo 23, 1526	Destrucción total de la ciudad. Epicentro entre San Marcos y Santo Tomás
Septiembre 30, 1659	Destrucción total de la ciudad y erupción en el Boqueron. El boquerón estuvo inactivo hasta 1917.
1707	Destrucción total de la ciudad.
1719	Destrucción total de la ciudad.
Febrero 4, 1798	Destrucción total de la ciudad. Daños mayores en Cuscatlán, al sureste de la capital
Marzo 22, 1839	Destrucción total de la ciudad. El daño llegó hasta Nejapa y Quezaltepeque. Muchas réplicas después del evento principal.
Abril 16, 1854	El mayor desastre causado por un terremoto en una franja de 1 km de ancho, sentido noroeste, la mayor intensidad se sintió cerca del Cerro San Jacinto.
Marzo 4, 1873	Solamente 15 casas en pie. El epicentro se presume fue cerca de Santo Tomás.
Diciembre, 1879 Enero, 1880	Terremotos precedieron la erupción del Lago de Ilopango.
Junio 7, 1917	Según datos recabados, separada por un intervalo de tiempo, se produjeron causadas por terremotos en esta fecha, dos zonas de desastre. A las 18:55:30 horas la primera con la destrucción de Armenia y graves daños en Ateos, Sacacoyo y San Julián; y a las 19:30 horas la segunda, con daños en San Salvador, Apopa, Nejapa, Quezaltepeque, Opico y Santa Tecla. Según Lardé (Tribuna Libre), a las 20:11 horas,

	anunciada por una espesa columna de humo, tomó inicio una formidable erupción del volcán de San Salvador. Se dice (ver Meyer-Abich) que de 7 a 12 bocas situadas a lo largo de una grieta de rumbo NNW-SSE, salió una colada de lava negra, tipo AA, cubriendo unos 5 km2 de dirección hacia el Sitio del Niño. Las bocas principales llamadas “Boqueroncitos” estaban a una altura de 1350 a 1410 m. Una de las bocas de Los Chintos, situada entre 700 y 800 metros, fue bautizada por Lardé como el Tronador, por sus retumbos aterrorizantes. Aquí se manifestó actividad eruptiva durante los días 8 a 10 de Junio; (Lardé 1917). Las lavas, en su avance, alcanzaron la vía férrea a 6.5 km. de distancia de las bocas activas a una altura de 500 m.s.n.m. de aquí cambió su rumbo hacia el Oeste, parando su avance el 11 de Junio a unos 3 km. de la Laguna de Chanmico. Significado inferior tuvo la producción de escorias y no hubo una erupción de cenizas de importancia. En el cráter central, antes de la erupción, existía un lago formado, probablemente en el siglo XVIII; el día 9 entró en ebullición y se evaporó totalmente el 28 de Junio. El 29, por la noche, lo sustituyó un cono circular de escorias, llamado Boqueroncito. A mediados de Junio, la actividad en la grieta había ya desaparecido, produciéndose erupciones periódicas sólo en el Boqueroncito, a intervalos de 5-10 minutos y en Agosto cada 30 minutos.
Abril 28, 1919	Temblor repentino sin choques premonitores, afectando severamente Soyapango, San Salvador, San Marcos y los alrededores del Cerro de San Jacinto. Por sus características y consecuencias fue de foco superficial. Según Lardé alcanzó grado X en la escala Rossi-Forel. La hora del evento tuvo lugar a las 00:46 horas. Los eventos secundarios fueron evaluados por el mismo relator de la siguiente manera: 00:46 a 03:00 horas, 5 temblores de intensidad VI, 03:00 a 08:00 horas, 20 temblores de intensidad IV-V; muchos de estos temblores fueron acompañados de retumbos.
Diciembre 19, 1936	Ruina total de la ciudad de San Vicente y la Villa de San Esteban, con un gran número de muertos, heridos y golpeados. Ruina parcial sufrieron Iztepeque, Tepetitán, Santo Domingo y Santa Clara. Este terremoto fue calificado como calamidad pública y los sobrevivientes fueron evacuados a San Salvador.
Mayo 6, 1951	El domingo 6 de Mayo a las 17:02, hora local, se produjeron en la zona oriental del país 2 fuertes temblores. La hora origen de estos eventos, según el USCGS, tuvo lugar a las 23:03:55 y 23:08:04 (GMT). El primer temblor con una duración de 17 segundos botó un 10% de las edificaciones y el segundo, con una duración de 24 segundos, dio en tierra con las casa causando los daños principales. Las

	poblaciones más afectadas fueron Jucuapa, Chinameca, San Buenaventura, Nueva Guadalupe, Beneficio San José y Las Marías. La pérdida total de vidas se estimó de 400 a 500, con un 80% de ellas en Jucuapa. El día 7 los temblores prosiguieron y a las 14:21, hora local, sobrevino otro fuerte sismo que afectó especialmente a Santiago de María y Berlín. El terremoto del día 6 tuvo una intensidad absoluta de grado 6-6¼ en la Escala de Richter. En septiembre, 4 meses después, se extinguió definitivamente la actividad sísmica; (Meyer-Abich).
Mayo 3, 1965	Terremoto sacude San Salvador y sus alrededores, afectando un área densamente poblada en un radio de unos 15 km. Este suceso se registró a las 10:01:35 horas (GMT), cobrando un número superior a 120 víctimas. Berkeley, estableció su magnitud de 6 a 6¼. El epicentro fue ubicado por Lomnitz y Schulz (1966) en las coordenadas 13 39' N, 89º 09' W, a unos 8 km. al Sureste de San Salvador entre las vías de San Marcos y Santo Tomás, con foco de unos 10 km. Martínez (1917) estableció que el epicentro tuvo lugar a unos 60 km. al Noreste de la estación sismológica, con foco de unos 8 km. La sensibilidad del terremoto se manifestó en todo el territorio nacional. A 200 km. de distancia, en la ciudad de Guatemala, alcanzó grado III.
Octubre 10, 1986	Un temblor de moderada magnitud (Ms= 5.4, Mw=5.6, mb=5.1) sacudió la ciudad de San Salvador, poco antes del mediodía del 10 de Octubre de 1986. Debido a su poca profundidad de foco y a la proximidad del epicentro a la ciudad, así como por las características vulnerables de las construcciones, el daño fue muy intenso en la misma ciudad y sus alrededores. El sismo tuvo una duración de solamente entre 3 y 5 segundos.

Esto es el pasado.

1 EL ORIGEN DEL DISEÑO SISMICO

1.1 ANTECEDENTES

Ya hace casi 100 años que el Japonés Naito comenzó a diseñar, considerando como fuerzas laterales una fracción del peso de cada elemento en el edificio y así fue como sus estructuras soportaron el sismo de 1923 en Tokio, mientras otros edificios sufrieron fuertes daños. (M= 8.16, profundidad 10 km.).

Por los años de 1930, se reconoció la naturaleza dinámica del problema y se establecieron bien sus variables principales. Se destaca M.A. Biot quien sentó las bases del análisis dinámico. En esa época se desarrolló el concepto de Espectro de Respuesta (gráfica de máximos valores numéricos de respuestas de sistemas de un solo grado de libertad, como funciones de sus períodos naturales).

Sin embargo y a pesar de que los conceptos son antiguos, se nota y existe un gran retraso en la práctica con relación a la investigación debido a varias razones:

a) Imposibilidad de predecir temblores,
b) Retrasos en la transmisión de información
c) Análisis dinámicos sin considerar efecto de interacción suelo-estructura.

1.2 DEFINICIÓN

El Diseño Sísmico tiene por objeto lograr estructuras que soporten racionalmente sismos
intensos sin colapso y sismos moderados sin daños apreciables o imposibles de reparar.
Casi todos los expertos en Ingeniería Sísmica coinciden en que ***"no hay estructuras a prueba de sismos, sino resistentes a ellos"***.

Creo conveniente señalar que el Diseño Sísmico no es una ciencia exacta, tiene aspectos
probabilísticos, estadísticos y en general el problema a resolver es complejo. Hago este
señalamiento pues considero de conveniencia para el estructurista, el que se dé cuenta del problema que tiene entre manos. Y si a este aspecto de los sismos unimos el del suelo, ya de por sí complejo, resulta en conjunto que el estado actual del conocimiento de Diseño Sísmico está en sus inicios. Será solo la investigación constante y exhaustiva la que nos lleve el éxito en este campo de la Ingeniería Civil. Sin embargo, mucho se ha avanzado.

El aspecto concreto del Diseño Sísmico es evaluar los efectos que producen las fuerzas
horizontales y verticales provocadas por los sismos, en las estructuras.
Estas fuerzas son de carácter dinámico y así deben considerarse.

2 TERREMOTOS NOTABLES

El 28 de julio de 1957 marca en la Ingeniería Sísmica una frontera de conceptos, ya que esa noche en México D.F. se puso en clara evidencia que era necesaria la investigación y modificación total de los diseños estructurales para resistir sismos. Su Ms=7.0; MM=7.0, su epicentro a 358 km.

El pasado nos guarda algunos sismos históricos que aquí mencionaremos: En 1556 en las provincias de Shenni y Hosan en China murieron 830,000 personas. En 1920 en Kannu murieron 100,000 personas. Tokio y Yokoama fueron sacudidas en 1923, terremoto de Kanto con 150,000 muertos. Soportó la prueba sísmica el Hotel Imperial de Tokio, diseñado por Frank Lloyd Wright. Está también el terremoto de Fukuí de 1948; el temblor de El Centro, California de 1940. En Chile 1960, Alaska 1964, Skopje 1963. Es decir temblores y efectos desbastadores por doquier.

Esa situación de amenaza constante en las zonas pobladas, ha hecho necesario que el Ingeniero Estructural investigue en el campo de la sismología y busque relaciones adecuadas entre el campo estructural y el campo sismológico, y ha nacido el DISEÑO SISMICO.

TERREMOTOS RECIENTES		
FECHA	LUGAR	MAGNITUD/ INTENSIDAD
16 Diciembre 1811 23 Enero 1812 7 Febrero 1812	New Madrid, Missouri, USA	8.6/ XII
18 Abril 1906	San Francisco, California, USA	8.3/ XI
1 Septiembre 1923	Tokyo, Japón	7.9/ IX a X
29 Febrero 1960	Agadir, Marruecos	5.6 / VI a X
26 Julio 1963	Skopje, Yugoslavia	6 / VIII a X
27 Marzo 1964	Anchorage, Alaska	8.4
16 Junio 1964	Ciudad Niigata, Japón	7.5
29 Julio 1967	Caracas, Venezuela	6.5
23 Diciembre 1972	Managua, Nicaragua	6.2/ VIII a IX
28 Julio 1976	Tang Shan, China	7.8 / IX a XI
3 Marzo 1985	Santiago, Chile	7.8/ VIII
19 Septiembre 1985	Ciudad de México, México	8.1/VII a IX

3 CLASIFICACION DE LOS MOVIMIENTOS SISMICOS

(Según el Dr. Emilio Rosenblueth, Prof. Emérito de la UNAM)

a) MOVIMIENTO DE UNA SOLA OSCILACION.
Estos movimientos ocurren solo a cortas distancias del epicentro, en terreno firme y con
temblores de foco superficial. Temblores de una sola dirección han sido: Agadir (1960), Libia (1963), Sköpje (1963), San Salvador (1965), San Salvador (13 de febrero de 2001). Todos ellos asociados a magnitudes moderadas, focos superficiales y movimiento casi unidireccional.

b) MOVIMIENTO IRREGULAR DE DURACION MODERADA.
Siendo ejemplo típico el de El Centro California 1940. Se asocia a distancias moderadas del foco y ocurre solo en terrenos firmes. Para nuestro caso (San Salvador) conviene señalar que la mayor parte de los movimientos sísmicos que se originan en el Cinturón Circumpacífico, son de este tipo cuando se los registra en terreno firme. Ordinariamente su severidad es igual en todas direcciones. Se les llama "ruido blanco", por analogía con la luz. Este tipo de temblor fue el que se presentó el 13 de enero de 2001, que activo las fallas de la cadena de los volcanes.

c) MOVIMIENTO DE LARGA DURACION.

Que exhibe periodos dominantes de vibración. Este tipo de movimientos se produce cuando se filtran los tipos (1) y (2) al atravesar capas blandas bien definidas (caso Acapulco-México D.F.).

d) MOVIMIENTO DE GRANDES DEFORMACIONES
Algunas veces suceden deslizamientos o licuación del suelo. Es muy probable que esto se haya presentado en 13 de enero de 2001. Casos típicos serían Valdivia y Puerto Montt en Chile (1960), Anchorage, Alaska (1964), Niigata (1964).

Ahora ya sabemos que cuando los terremotos son de alta frecuencia las cargas cíclicas que se inducen no solo producen problemas de liquefacción sino que deslizamientos del terreno como los que se han presentado prácticamente en toda la república. El terremoto del 13 de enero fue de alta frecuencia.

Señalaremos que esta clasificación anterior no pretende ser exhaustiva, hay tipos intermedios de movimientos. Pero la clasificación propuesta por E. Rosenblueth cumple el propósito de subrayar las posibilidades y limitaciones de generalizaciones aplicables al diseño para resistir un tipo de movimiento sísmico, más no los demás.

4 ORIGEN DE LOS SISMOS EN EL SALVADOR

En El Salvador, los terremotos o se originan en la falla que une los volcanes o en la costa del Pacífico, a unos 105 km., lo que viene a ser una prolongación de la conocida falla de San Andrés en la costa de California, Michoacán, Guerrero, Oaxaca, Guatemala y la costa salvadoreña.

Algunos investigadores y los recientes terremotos nos indican la presencia de otra falla a unos 35-40 Km., cerca de la costa.

4.1 FRECUENCIA DE TEMBLORES EN EL SALVADOR, DURANTE LOS

ULTIMOS 500 AÑOS

Para nuestra República los temblores son cosa común, algunas veces debido a erupciones volcánicas y otros de naturaleza tectónica.

Hasta el 3 de mayo de 1965 se habían tenido 16 terremotos desde la época colonial. En
octubre de 1986, hubo otro y ahora en 2001 han habido 2: 13 de enero, 13 de Febrero y unos 9000 sismos apreciables y sentidos.

Podemos afirmar que la mayoría de los temblores originados en El Salvador y zonas vecinas se agrupan a lo largo de dos superficies inclinadas que descienden del Pacífico hacia el continente. La primera se manifiesta en la fosa del Pacífico (Falla de San Andrés en la costa de California), la segunda es peculiar a El Salvador y una pequeña parte de Guatemala y Nicaragua. Se manifiesta en la depresión tectónica El Salvador-Nicaragua que liga entre sí los volcanes que atraviesan el centro del país.

Las profundidades a que se originan los temblores del pacífico, son similares a los de California (± 40 km). Los de la depresión tectónica o zona de los volcanes son generalmente superficiales, hay indicios de que la profundidad de origen es de unos 8 Km.

Las características de los movimientos son diferenciadas en cuanto a su origen:

1) Si los movimientos se originan en la Fosa del Pacífico, sus características serán similares a los de la Costa Occidental de Norte América; conviene señalar que estos temblores tendrán aceleraciones verticales de importancia y que además estos temblores pueden excitar períodos de vibración más largos (13 de Enero de 2001).

2) Si los movimientos se originan en la depresión tectónica, vendrán precedidos de enjambres de sismos, y de impulso único, como ya dijimos antes (13 de Febrero de 2001).

Dejamos pues claro que en nuestro país podemos tener movimientos sísmicos de dos tipos, con características distintas.

Para tener una idea comparativa de la magnitud **M** del temblor del 3 de mayo de 1965, anotemos la siguiente tabla de los temblores más significativos de los últimos años (Datos del Dr. Emilio Rosenblueth), tomando en cuenta que la magnitud **M** como índice de la energía **E** asociada a un temblor puede expresarse en forma aproximada:

$$\log_{10} E = 11.4 + 1.50 M$$

Otras características importantes del temblor del 3 de mayo de 1965 de San Salvador, además de que como dijimos fue de un solo impulso (oscilación), es decir clasifica en el grupo 1 ya mencionado en líneas anteriores, serían las siguientes:

a) Su aceleración máxima fue de 0.50 a 0.80 veces la gravedad. No hubo registros.
b) Su velocidad fue del orden de 65 cm/seg.
c) El movimiento fue complicado en el centro de la ciudad y simple en las zonas altas.
d) No se encontró evidencia de aceleraciones verticales.
e) El epicentro se situó a 10 Km. de la ciudad y el foco a 8 Km. de profundidad.
f) El temblor se ligó a la Depresión tectónica de Centro América ya mencionada (Línea de los volcanes).

Basándose en estos datos y su observación personal el Dr. Emilio Rosenblueth (+), quien vino a nuestro país a raíz del sismo, propuso el Código de Diseño Sísmico de Acapulco, Guerrero, México, que posteriormente se adopta en el país.

Sin entrar en mayores detalles, solo diré que conviene que en nuestro país se investigue sobre el aspecto sísmico, ya que como hemos visto, los temblores estarán presentes en nuestra vida diaria y los ingenieros estructurales que quieran llegar a diseños económicos, necesitan conocer a fondo las características de los sismos.

4.2 LOS SISMOS EN SAN SALVADOR

San Salvador ha sufrido con frecuencia la acción de sismos intensos, en 1854 fue totalmente devastada. En 1873,1917, 1919 fue parcialmente destruida. Más recientemente en 1965 y 1986, dos terremotos golpearon la capital. En 1965 a las 4:01:35 al amanecer del 3 de mayo, el epicentro se ubicó a 10 Km. del Centro de San Salvador y el foco a una profundidad de 8 km. La magnitud se estimó como de 6 a 6¼, no hubo registros del terremoto, pero con cálculos que hicimos con el Dr. Emilio Rosenblueth, con métodos indirectos obtuvimos una aceleración de 0.76 g.

donde:

$$a_{MAX} = 4\pi^2 * f^2 * \delta_{MAX}$$

A continuación para fines de comparación transcribimos la siguiente tabla, ampliada por el investigador mexicano, Ing. Civil, Maestro en Ingeniería, Víctor Manuel Pavón Rodríguez, con cuyos datos y los nuestros la hemos preparado.

Sismo	Magnitud Ms de Richter	Energía Relativa
Chile, 1960	8.5	2367
Alaska, 1964	8.4	1673
San Francisco, 1906	8.2	840
México, 1985	8.1	594
Guatemala, 1976	7.9	298
México, 1957	7.5	75
San Salvador, 1965	6.25	1
Managua, 1972	6.2	0.83
Agedir, 1960	5.75	0.18
Skopje, 1963	5.4	0.05

En 1986 un temblor de magnitud (Ms = 5.4, Mш= 5.6, mb = 5.1) azotó la ciudad de San Salvador. Era el 10 de Octubre. (Ms para sismos superficiales, Mш magnitud del momento sísmico, mb para ondas de cuerpo, Ml= magnitud Local).

El sismo tuvo una duración entre 3 y 5 segundos, las réplicas fueron de magnitud 4.80. Tal parece, que una falla de 6 Km. de longitud, se rompió a partir de la base del Cerro de San Jacinto, al sur de la capital. Hubo unos 1,500 muertos y 10,000 heridos.

Este terremoto se originó en la falla de los volcanes y no enfrente a la costa. La profundidad fue de 7.30 Km. bajo la ciudad de San Marcos. Fue un plano vertical de falla, con trazo a los 32° N.E. Durante todo el año previo al terremoto, hubo enjambres de sismos.

4.3 EL TERREMOTO DEL 13 DE ENERO DEL AÑO 2001 EN EL SALVADOR.

A la fecha de este informe no ha sido posible obtener datos en el C.E.I.G.,
datos para los aspectos de la Ingeniería sísmica, tales como el acelerograma del sismo y los espectros de aceleración, desplazamiento y velocidad. Si se conoció la magnitud Richter de 7.6 y su distancia focal de 160 Km. a San Miguel. La Universidad Centroamericana (UCA) obtuvo acelerogramas, algunos de los cuales presentamos aquí con autorización de dicha institución.

Lo anterior nos señala que estamos ante un sismo de la zona de subducción, en el plegamiento de la corteza terrestre.

Hemos podido obtener el dato confiable, que el sismo en cuestión tuvo en algunos puntos de la capital aceleraciones horizontales del orden del 80 % de la gravedad (0.80 g.) y en la zona de nuestra oficina pudimos determinar una aceleración del 50 % de g., muy similar a la que se leyó en la Oficina de sismología cerca del cuartel Zapote.

Estos datos son consistentes con las aceleraciones de los sismos registradas o conocidas de los terremotos de 1965 y 1986, con valores de 0.76 g y 0.72.g.

Cualitativamente sabemos que el terremoto fue de alta frecuencia ya que estos sismos provocan deslizamientos de tierra, tal como los ocurridos, en todo el país. Aunque hay una diferencia notable entre el sismo del 86 y el del 2001 ya que el primero fue de foco superficial y el reciente profundo, hemos estimado que la aceleración ahora fue del 0.80 de g. Valor numérico que queda cubierto por la envolvente de respuesta preparado para el caso, a partir de las propiedades.

DATOS DEL TERREMOTO (Tomados del USGS- National Earthquake Information Center)
Localizado a 110 Km SW de San Miguel
Con una Magnitud 7.6 a 36 Km. de profundidad
El terremoto fue en la zona de subducción
Coordenadas: 12.83 N - 88.79 W
Acelerograma del terremoto del 13 Enero de 2001:

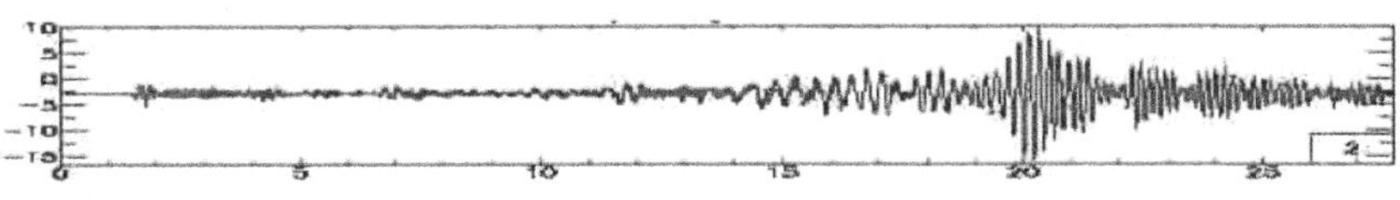

4.4 EL TERREMOTO DEL 13 DE FEBRERO DE 2001, EN EL SALVADOR

De acuerdo con las fórmulas del Dr. y Prof. Luis Esteva Maraboto (UNAM)

$$a = 5600 \exp^{0.80M} (R + 40)^{-2} \text{ en cm / seg}^2$$

La aceleración de este nuevo sismo fue de 0.44 g

El cual fue confirmado con el método indirecto del profesor E. Rosenblueth (+) Acelerograma del terremoto del 13 Febrero de 2001:

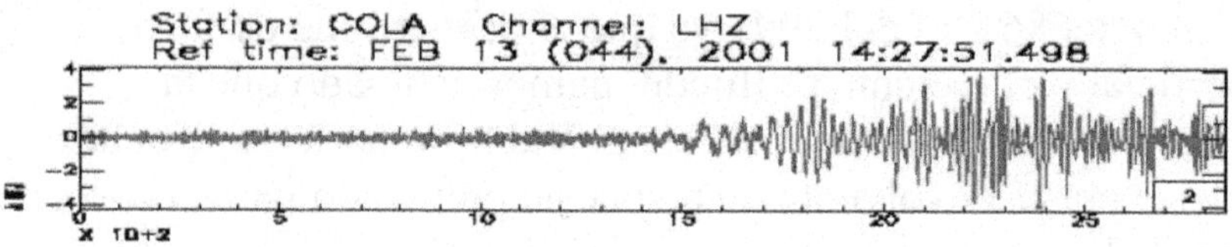

5 SOBRE EL RIESGO Y EL PROBLEMA SISMICO

Estos asuntos Sísmicos tienen que ver con la vida de los seres humanos. No tienen que ver con el éxito económico que buscan los comerciantes.

Se trata de definir la aceleración pico (peak) contra el intervalo de la recurrencia que ocurre en el terremoto que la produce. Con esta aceleración es que diseñamos las obras civiles.

En general se pueden seguir dos caminos:

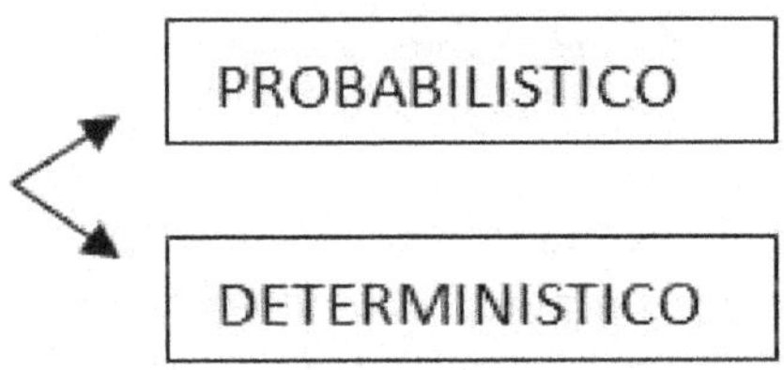

El Determinístico es un proceso en que repitiendo los mismos parámetros en un evento,
sabemos con seguridad absoluta si ocurrirá o no cierto resultado.

El Probabilístico, o sea la relativa frecuencia de un evento, cuando el número de observaciones es abundante. (Probabilidad Empírica)

En países como el nuestro, el Riesgo Sísmico, no es una PROBABILIDAD, es una CERTEZA.
Para El Salvador, estos asuntos sísmicos deben enfrentarse seriamente.

Existen muchas evidencias de que la Teoría de la Probabilidad Sísmica, no es adecuada para estimar terremotos de una Magnitud mayor que 5, en la escala de Richter.

Sin embargo esta Teoría ha sido y sigue siendo utilizada para definir el Riesgo Sísmico de las grandes obras de ingeniería como son: Presas, Plantas Nucleares, Complejos Petro-químicos, Sistemas de Defensa, Hospitales, Escuelas, Sistemas de Distribución de agua. etc. etc.

Creemos que nuestros comentarios deben tomarse y entenderse como un aporte bajo el punto de vista de la Ingeniería Sísmica.

Los que intervienen en los estudios sísmicos saben que ellos se apoyan en la aplicación de la ley o relación Magnitud –recurrencia debida a Gutenberg-Richter que se expresa:

$$\text{Log } N = a + b^{*}M \quad \mathbf{0.70 < b < 1.50}$$

Siendo N= el número de terremotos con magnitud M = por lo menos a la magnitud M observada por un periodo determinado. Y a, b son coeficientes basados en los datos existentes. Las gráficas explican lo anterior. La recta se produce en la escala semi-logaritmica.

El valor "b" cambia después de cada terremoto, cambia cuando se alteran las fallas, los sistemas tele sísmicos producen imprecisiones en las lecturas. Francamente hablando es un valor subjetivo. Los valores que obtienen y presentan los investigadores, nunca coinciden. En mi opinión lo que hacen ellos son juegos numéricos y son tantos los valores que hay en la literatura técnica, y tantas las gráficas, que esa correntada de datos lo que produce es confusión.

5.1 METODO DETERMINISTICO

ETAPA 1: Definición de las provincias sismotectónicas y de las fallas de composición geológica uniforme, que contienen una sismicidad equipotencial.

ETAPA 2: Para cada provincia sismotectónica y falla activa se selecciona el terremoto máximo posible, basado en datos históricos y consideraciones sismotectónicas.

ETAPA 3: Para cada falla activa se mueve el terremoto máximo a lo largo de la falla/estructura que esté más cerca al sitio.

El terremoto máximo en una zona que no se puede relacionar a una estructura sísmicamente activa, se asume que ocurre a una distancia apropiada del sitio.

El terremoto máximo posible de una provincia vecina a la ubicación del sitio, se asume que
ocurre en la ubicación más cercana al sitio.

Se utiliza una ecuación de amortiguación apropiada para determinar la aceleración pico que estos terremotos pueden causar al sitio.

Como podemos observar y ya dijimos la probabilidad sísmica se basa en la Ley o relación Magnitud – Recurrencia debida a Gutenberg – Richter.

$$\text{Log } N = a + b*M$$

Esta Ecuación se dibuja (plotea) como una línea recta en papel semi-logaritmico.

En donde los estudios de Riesgo Sísmico Probabilístico se alejan de la realidad es en los tiempos de análisis y en las probabilidades medias. Lo cual es lógico, ya que los terremotos obedecen a leyes naturales y no a procesos matemáticos. Para el caso, estudios basados en *Microtremors* (terremotos simulados) tienen como defecto que es imposible simular con movimientos sísmicos, de digamos cientos de metros cúbicos, cuando la masa que mueve un terremoto es del orden de cientos de kilómetros cúbicos.

También tenemos que las vidas útiles de las obras se miden por cientos de años, veamos la tabla que proyectamos, Lo cual al compararla con la vida útil de los seres humanos resulta de dudosa aplicabilidad. La familia Colindres en la generación que me precede vivió 104 años. Los edificios se diseñan para vidas útiles de 50 años, las presas para vidas útiles de 150, los puentes 100 años, los basureros nucleares 10,000 años. Lo que no me parece razonable es utilizar estos números, cuando la historia de la humanidad nos enseña que la cultura Sumeria, solo data de hace 5,000 años. Todo esto hace que para algunos, yo entre ellos, veamos con rechazo este manipuleo estadístico-probabilístico-sísmico.

Son tan diversos los factores que intervienen en los terremotos, que francamente los vuelven impredecibles en el corto y largo tiempo. La predicción por métodos probabilísticos de terremotos moderados a grandes, significando grandes los que tengan magnitudes superiores a 5, no pueden hacerse con seriedad y certeza y por supuesto con valores numéricos correctos.

Recordemos que en la ley que se utiliza el valor “b”, no es lineal ni mucho menos predecible. No hay tal linealidad, dado lo complejo del mecanismo de las fallas. A las fallas activas las podemos caracterizar con movimientos, es decir deslizamientos: Pegajosos, o sea adhesivos; Controlados y termodinámicos, siendo el caso que solo los primeros, los adhesivos parecen satisfacer los valores de las líneas “b”.

Más comentarios sobran.

5.2 METODO PROBABILISTICO

ETAPA 1: Definición de las provincias sismo-tectónicas y de las fallas de composición geológica uniforme y que contienen una sismicidad equipotencial.

ETAPA 2: Definición de relaciones de frecuencia (número de eventos) – magnitud para terremotos en cada provincia sismo-tectónica siguiendo la ecuación de GUTENBERG-RICHTER:

$$\text{Log } N = a + b*M$$

Donde N es el número de terremotos con magnitud M igual por lo menos a la magnitud M observada durante un periodo definido, y a y b son coeficientes basados en datos existentes.

ETAPA 3: Determinación de la actividad sísmica del sitio donde contribuyen cuantitativamente todas las provincias sismotectónicas calculadas por una ecuación de amortiguación.

5.3 EL RIESGO SISMICO DE SAN SALVADOR

DEFINICIONES IMPORTANTES

El Riesgo Sísmico en un sitio dado lo expresamos en términos de la frecuencia media con que en dicho sitio se excede cada intensidad de un terremoto.

El Riesgo Sísmico de un sitio dado para fines de Ingeniería Civil se expresa como la máxima aceleración (o velocidad) del terreno en el sitio durante el temblor.

En una forma más sofisticada se expresaría como la ordenada del Espectro de Respuesta para valores dados de periodo natural y amortiguamiento del suelo. Todo correlacionado con las obras de ingeniería que se construye sobre el terreno.

Y en una forma puramente materialista, el Riesgo Sísmico sería, cuánto dinero se está decidido a perder a causa de un terremoto. El problema es complejo, ya que la sociedad misma debe decidir cuántas vidas humanas está decidida a sacrificar, tomado el riesgo de que las construcciones colapsen ante un sismo.

Tenemos pues que enfrentarnos no solo con un problema de Ingeniería, sino con un problema de Etica y de responsabilidad profesional. En este país donde los valores morales se perdieron, y aún no se recuperan, se debe ser exageradamente cuidadoso, para definir cuál es el Riesgo Sísmico que queremos aceptar para nuestras obras civiles.

Para una compañía de Seguros el riesgo sísmico que enfrenta se mide en millones de colones.
Para el dueño de un inmueble, sería cuanto perderá si se le destruye el edificio, para una familia cuanto arriesga en vivir en un edificio mal construido, para un ingeniero cuanto prestigio pierde si se le colapsa una obra.

De aquí resulta que un gobierno irresponsable, una sociedad de ingenieros irresponsables, pueden en determinado momento, llevar a la sociedad a la que pertenecen, a asumir un Riesgo Sísmico, para el cual dicha sociedad no está preparada y que ellos o han ignorado o han mal evaluado.

FundaSísmica ha creado un Espectro de diseño para la ciudad de San Salvador, el cual puede proporcionarse a los Ingenieros interesados sin costo alguno.

5.4 RIESGO SISMICO APLICADO A LAS OBRAS CIVILES

Ya se ha definido por otros, que los "Terremotos, pasan de ser Desastres Naturales a Desastres Tecnológicos".

Esto sucede por la mala aplicación de la tecnología actual; como casos recientes tenemos los terremotos de México D.F. (1985), Northridge, California (1994), Kobe, Japón (1995), en que a pesar de los adelantos científicos de los países afectados, los terremotos respectivos produjeron cuantiosos daños materiales y pérdidas de vidas del orden de miles.

Conocemos el caso de México (1985) en donde la aceleración del terremoto, nunca superó la del Reglamento en vigencia y los edificios colapsaron por cientos. Este fenómeno ya había sido notado en Acapulco, cuyo Reglamento(1962) fue el de San Salvador por casi 20 años.

Para San Salvador, la cosa fue así. Ya habíamos señalado desde 1970± que el reglamento existente no era el adecuado. Lo habíamos señalado en ASIA (Asociación de Ingenieros y Arquitectos), lo habíamos señalado a varios ministros de Obras Públicas, lo habíamos dicho por el periódico, lo habíamos si se quiere, gritado al viento.

A partir de esto, es que se puede puntualizar que el Riesgo Sísmico en nuestro país (debido a que los sismos siempre han estado presentes en toda nuestra historia), sería el no hacer las cosas bien, ignorar los avances científicos, pero sobre todo copiar Reglamentos y técnicas que podrían no aplicarse a nuestras características y condiciones sísmicas. Es aquí donde los factores éticos y morales jugarán un factor importante y decisivo.

Somos varios Ingenieros que estamos seguros que el actual Reglamento en vigencia es el mayor Riesgo Sísmico, que tiene nuestro país. Este Reglamento debe ser modificado de inmediato.

VEAMOS QUE ES ESTO

Tenemos que entender que no es conveniente utilizar valores numéricos y hasta algunas veces conceptuales de otros países.

Si en algo somos especialistas es en nuestros terremotos. No olvidemos que nuestra capital está sobre lo que se llama "El Valle de las Hamacas".

La discusión seria y científica sería la respuesta a lo que aquí hemos dicho.

5.5 EL RIESGO SISMICO EN DOS LUGARES ESPECIFICOS

En el inciso anterior señalamos que el mayor Riesgo Sísmico no lo constituyen los terremotos, sino la tecnología mal aplicada, ya sea en construcciones mal hechas y no supervisadas, como mal calculadas o diseñadas. Este último caso es el más peligroso, pues la sociedad civil, es muy dada a confiar, más bien dicho, tiene que confiar en sus instituciones y en las leyes que emanan de dichas instituciones, ya que deberían protegerla. Lamentablemente en nuestro país, estamos a merced del Colonialismo Tecnológico, muchos quieren creer que todo lo extranjero es mejor que lo nuestro, y que lo nuestro es inferior.

En el campo de la Ingeniería sucede lo mismo. Se adopta y hace que el gobierno promulgue un Reglamento para construir, inapropiado para el país y peligroso apara la sociedad salvadoreña. Como vemos, aunque el Riesgo Sísmico, lo señalamos como una función de la frecuencia con que se presentan los terremotos en el país. Para cada generación de salvadoreños este Riesgo va a depender de quienes sean los técnicos que se involucren el resolver el problema.

Es un hecho de todos conocido que en el Valle de las Hamacas los sismos intensos, se presentan cada 20 años, y aunque esto no es cronológicamente exacto, es un buen índice. La disipación de la energía que se almacena en las fallas, se hace a través de los terremotos y a esto se une la presión que la zona de subducción al penetrar bajo el continente en el mar, que a su vez genera energía térmica, que se transforma en energía cinética, movimientos cuya aceleración, crean las llamadas fuerzas sísmicas al accionar la masa del suelo. En nuestro país la energía se disipa cada 20 años, cuando menos desde hace 500 años.

Todo lo anterior es un fenómeno físico de la naturaleza, que conlleva el movimiento de una gran masa de tierra de cientos o miles de kilómetros cúbicos.

6 LA ESCALA DE RICHTER

LONGITUD DE RUPTURA EN UNA FALLA
(RELACIÓN MAGNITUD VRS LONGITUD)

MAGNITUD DEL TERREMOTO (M)	LONGITUD DE LA FALLA (L, en Kms.)
4.00	0.02
5.00	0.21
6.00	2.24
7.00	23.44
8.00	245.5

(After D. Tocher, 1958)

La magnitud Richter, no es función del tiempo f(t), es función de una amplitud de onda prefijada y la que se obtiene en el sismógrafo de torsión Wood-Anderson, con el terreno.

$$M_R = \log\left(\frac{A}{A_0}\right)$$

Donde:

A= amplitud del sismo
A_0 = amplitud de referencia

Las características del sismómetro son: amortiguamiento=0.80 seg, magnificación estática=2800, amortiguamiento equipo = 0.80.

Es decir el tiempo no tiene intervención. Pero también la magnitud de un terremoto depende de la longitud de la ruptura en la falla, según leemos en la tabla precedente.

El tiempo no interviene, y es en base a un estudio probabilístico, en que se piensa que se puede presentar un terremoto, función de previos terremotos.

Si A0 determina energía potencial, el valor de MR=3 significa una amplitud de 1mm, o sea una energía 103 veces más. Para MR=7, será una energía 107 mayor que la de la base y solo 10 veces mayor que la de MR=6

En resumen, la escala de Richter sirve para estimar la posible energía liberada en los focos sísmicos.

6.1 MAGNITUD

La magnitud básica se mide en sismómetros, y se define con una distancia de 100 km. del epicentro, con un sismómetro de características especiales.

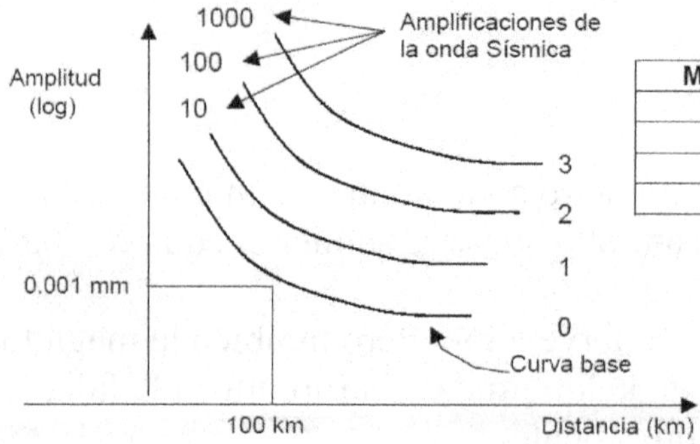

Magnitud	Curva
3	1000
4	10000
5	100000
6	1 millón

(Según C. F. Richter)

MAGNITUD RICHTER

En su forma original, la magnitud se refería a la magnitud local, que se designa con ML, después se crearon otros tipos de magnitudes, incluyendo la magnitud de las ondas de cuerpo, o Mb, así como la magnitud de las ondas de superficie, MS. Posteriormente entre 1970 y 1980 se empezó a usar una magnitud de mayor significado físico, llamada la "magnitud del momento sísmico", MW.

EL HOMBRE DE LA ESCALA:

Charles F. Richter

NOTA:

En 1976, visité al profesor Richter en sus oficinas de Pasadena. Puedo dar fe de su sencillez y bonhomía. A mi pregunta de que podríamos hacer en El Salvador en cuanto a un Reglamento, me sugirió que lo hiciéramos nosotros y que ya preparado lo presentáramos a la Comunidad Internacional de expertos para su discusión y comentarios.

6.2 INTENSIDAD

En un terremoto la intensidad es el efecto de la energía del terremoto en el foco. Por supuesto este efecto disminuye al alejarnos del epicentro.

NOMBRES DE INVESTIGADORES	AÑOS
Dr. Rossi, Forel	1883
Mercalli	1902
Mercalli Modificada	1931

Se conoció que un japonés, Omori, relacionó la doble amplitud de una onda sísmica con la clasificación sísmica.

DOBLE AMPLITUD 2 a_0 (m.m.)	TERREMOTO
1	Ligero
10 m.m.	Fuerte
50 m.m.	Violento
200 m.m.	Destructivo

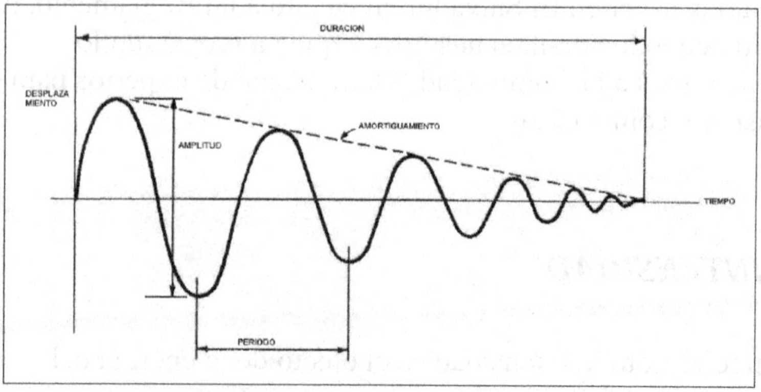

SIMULACION (Onda Matemática)

El profesor Charles Richter propuso años después la siguiente fórmula:

$$\log\ a = \frac{1}{3} I_M - \frac{1}{2}$$

donde a= aceleración del suelo en cm/seg^2

I_M = m.m. (intensidad estimada)

6.3 CORRELACION ENTRE MAGNITUD E INTENSIDAD

(Presentación del Prof. Dr. Emilio Rosenblueth)

Se han propuesto diversas correlaciones entre sismos y las características del movimiento del terreno, incluyendo intensidad, duración, o máxima aceleración del terreno, velocidad y desplazamiento. Con esta información es posible calcular las esperanzas de las ordenadas espectrales del movimiento. Se ha demostrado que una serie de estas correlaciones, obtenidas con ajustes por mínimos cuadrados de numerosos valores derivados de la observación, es congruente con un tratamiento teórico aleatorio. En él, la densidad espectral de potencia en el foco se toma como la mitad de una curva de Gauss, con máximo en T=0 (T= periodo natural) y la atenuación de las ondas sísmicas se supone proporcional a la frecuencia. Para simplificar, se expondrá aquí únicamente las correlaciones entre magnitud, máxima velocidad del terreno e intensidad.

Sea R la distancia hipocentral, *v* la esperanza de la velocidad máxima del terreno (máxima amplitud del vector velocidad en el punto de interés) e I la esperanza de la intensidad (MM) obtenida a partir de un análisis de mínimos cuadrados, correspondientes a la magnitud M.

Suponiendo que el terreno se comporta linealmente entre el foco y el punto de interés, excepto en pequeñas distancias a partir del foco,

$$v \propto e^{M} R^{-1.7} \qquad (1)$$

$$I = \frac{\log 14\, v}{\log 2} \quad a \quad \frac{\log 14\, v}{\log 1.9} \qquad (2)$$

de donde, $$I = cM + f(R) \qquad (3)$$

$$\overline{N}(M) = a \int_{-\infty}^{f(M)} e^{-b}\left(m - m_{o}\right)^{2} dm \qquad (4)$$

En la cual **c** es una constante, comprendida entre 1.4 y 1.5 en terreno duro y **f** es una función
monotónicamente decreciente de R. Si a y x denotan esperanzas de la aceleración máxima y
de la velocidad del terreno respectivamente, entonces ax/ v^{2} es ligeramente mayor que 10 cerca

del foco y decrece monotónicamente con R, tendiendo a la unidad cuando R tiende a infinito.
La relación ax/ v^2 es, en cierto modo, una medida de la irregularidad del movimiento; nunca
puede ser menor que ½; excede de 10 para movimientos extremadamente caóticos y es igual a
1.0 para oscilaciones armónicas en estado estacionario, a las que tienden los sismos originados
a grandes distancias focales, ya que las ondas de periodos cortos se atenúan más
rápidamente que las ondas de grandes períodos.

(La intensidad utilizada en estas correlaciones coincide con la de la escala MM hasta I=10 y
puede tomarse como definida por la extrapolación proporcionada por la ecuación 3 para I>10
suministra un tratamiento cuantitativo más uniforme).

7 MODELO DE RIESGO SISMICO

(Según el profesor Luis Esteva Maraboto del Instituto de Ingeniería de la U.N.A.M. , tomado del libro de Dinámica de Suelos de Rafael Colindres Selva).

SISMICIDAD REGIONAL Y LOCAL

La sismicidad regional, " *v* ", en un sitio determinado, o sea el efecto que producen los temblores en la región vecina al sitio, depende principalmente de la contribución que a la misma hacen los volúmenes de la corteza terrestre alrededor de dicho sitio. Dada la atenuación de la intensidad con la distancia, solamente los temblores localizados a algunos cientos de kilómetros del sitio contribuyen en forma importante a esta sismicidad.

Los volúmenes citados se designan como fuentes sísmicas y se caracterizan por las incertidumbres asociadas a la frecuencia de ocurrencia y las magnitudes de los temblores que generan. Se denomina sismicidad local "λ", al proceso de ocurrencia de temblores de diversas magnitudes en una fuente sísmica. De lo anterior se puede concluir que la sismicidad regional para un sitio puede estimarse a partir de las sismicidades locales de las fuentes sísmicas correspondientes.

Por ejemplo, si λ (M) representa el número de temblores de magnitud igual o mayor que *M* generados en promedio por unidad de volumen y por año en fuentes sísmicas vecinas a un sitio específico, el efecto de dichos temblores en dicho sitio se puede evaluar con la expresión:

$$\nu_c(y) = \int_V \lambda \{M(y,R)\} dv \quad (1)$$

"ν y λ" no son sismicidades, sino tasas de excedencia que son funciones que describen (parcial o totalmente según el modelo adoptado) a las correspondientes sismicidades.

Donde νc(y) es el número anual de temblores con intensidades mayores que "y" registrados en el sitio de interés y generados por las fuentes sísmicas, M {(y, R)} *es* la magnitud M que produce una intensidad "y" a la distancia R y dv es el volumen elemental de la corteza terrestre distante R del sitio de interés. El subíndice "c" de "ν" significa que las intensidades "y" son calculadas a partir de las magnitudes, profundidades y distancias epicentrales provenientes (no necesariamente) de catálogos de temblores y de leyes de atenuación que relacionan magnitud –distancia - intensidad como se comenta más adelante.

MODELO DE SISMICIDAD LOCAL

La sismicidad local, $\lambda(M)$, asociada a una frecuencia sísmica determinada puede estimarse utilizando un modelo del proceso estocástico (aleatorio) de la ocurrencia de temblores de diversas magnitudes en dicha fuente. Si se adopta una forma para el proceso, la sismicidad local podría calcularse una vez que se estimen los parámetros que definen a dicho proceso.

En este trabajo se supone que la ocurrencia de eventos se puede idealizar mediante un proceso homogéneo de Poisson. Lo anterior implica que la distribución dé los tiempos de ocurrencia de temblores es independiente de la historia previa. Esta independencia se supone también por lo que respecta a la distribución espacial de los focos de los eventos sísmicos. $\lambda(M)$ se expresa como:

$$\begin{aligned} \lambda(M) &= \alpha\, e^{-\beta M}\left(1 - e^{-\gamma(M_u - M)}\right); \quad M \leq M_u \\ \lambda(M) &= 0 \qquad\qquad\qquad\qquad\quad ; \quad M > M_u \end{aligned} \qquad (2)$$

Donde α, β, γ, y Mu

son parámetros del proceso, los cuales deben estimarse a partir de los datos estadísticos, y de las características sismotectónicas de las fuentes vecinas al sitio o de
zonas similares de la tierra.

M_u es la magnitud máxima que dichas fuentes pueden generar.

LEYES DE ATENUACIÓN

Las leyes de atenuación son expresiones semi-empíricas que relacionan magnitud-distancia-intensidad (aceleraciones, velocidades y desplazamientos máximos) de temblores en terreno firme. Dichas expresiones pueden obtenerse a partir de los datos que existen sobre los parámetros mencionados. En general, los procedimientos utilizados para obtener las leyes de atenuación consisten en ajustar curvas a los datos de eventos ocurridos en diferentes regiones, por lo cual las expresiones así obtenidas reflejan las características geotécnicas de la región para la cual fueran obtenidas.

Por ejemplo:

$$y = b_1\, e^{b_2 M}(R + R_o)^{-b_3} \qquad (3)$$

Donde b1, b2, b3 y R0 son los parámetros estimados de ajuste y R fue definido previamente.
En este trabajo se usarán las leyes de
atenuación propuestas que damos a continuación: las cuales fueron obtenidas a partir de la información correspondiente a temblores ocurridos en terreno firme de la costa Oeste de los Estados Unidos y de la República Mexicana. Las expresiones propuestas para estimar la aceleración "a" y la velocidad "ν" máxima de un terreno asociadas a un temblor son:

$$\text{(aceleración) } a = 5600\, e^{0.8M}(R+40)^{-2} \quad \text{en (cm/seg}^2\text{)} \qquad (4)$$

$$\text{(velocidad) } \upsilon = 32\, e^{M}(R+25)^{-1.7} \quad \text{en (cm/seg)} \qquad (11.5)$$

e = Exp.

Donde M y R, la magnitud y la distancia del sitio de interés al foco del temblor se obtienen de la información del catálogo de eventos para la región de interés. *(*R = distancia al hipocentro).

Se efectuó un análisis estadístico de los errores de predicción asociados a las expresiones anteriores. De este estudio se determinó que los logaritmos naturales de los cocientes de las unidades (a o *v)* predichas a las registradas instrumentalmente tienen distribución log normal.
Los parámetros de las mencionadas distribuciones fueron: para la aceleración máxima del terreno, media igual a 0.04 y desviación estándar dar igual a 0.64; para la velocidad máxima del terreno, media igual a 0.124 y desviación estándar igual a 0.74.

MODELO DE SISMICIDAD REGIONAL
La contribución de una fuente sísmica de volumen elemental

□□V a la sismicidad regional vc en un sitio, distante R de la fuente, se puede obtener combinando las ecuaciones (2) y (3), de lo cual resulta la siguiente expresión:

$$\Delta\nu_c(y) = \alpha\, b_r^1\, (R+R_o)^{-q}\, y^{-r} \left(1-\left(\frac{y}{y_1}\right)^{\epsilon}\right) \Delta V_i, \quad y \le y_1 \qquad (6)$$
$$\Delta\nu_c(y) = 0; \quad y > y_1$$

En (6):

$$r = \frac{\beta}{b_2} \;;\; \epsilon = \frac{\gamma}{b_2} \;;\; q = b_3 r$$

y_1 es la intensidad (esta vc es la tasa de excedencia de intensidades calculadas, y por ello no toma en cuenta la incertidumbre asociada con las leyes de atenuación. Hay que corregir por tal incertidumbre), obtenida con la ecuación (3) para

M =Mu; α, β, y γ son los parámetros de la ecuación (2).

Para obtener la contribución de varias fuentes sísmicas a ν_c en un sitio basta con integrar la ecuación (6) con respecto al diferencial de volumen. El resultado de dicha integración no variará en "y" como la ecuación (6); sin embargo, para fines prácticos dicho resultado se puede representar por una expresión similar a su segundo miembro.

Es decir

$$\nu_c(y) = k\, y^{-r} \left(1-\left(\frac{y}{y_1}\right)^{\epsilon}\right) ; y \le y_1$$
$$\nu_c(y) = 0 \quad ; y > y_1$$

Aquí k, r, ϵ, y y_1 son parámetros que se pueden estimar a partir de información estadística de los temblores y de las características sismo-tectónicas de las fuentes vecinas al sitio de interés o de zonas similares de la tierra. El parámetro y, es el valor máximo esperado, que resulta de aplicar la ecuación (3) a la combinación más desfavorable de Mu y R para las diferentes fuentes sísmicas vecinas al sitio. Los valores obtenidos de *v,* obtenidos en términos de los datos estadísticos sobre intensidades calculadas (a partir de magnitudes y distancias), con las leyes de atenuación, deben de corregirse para tomar en cuenta las incertidumbres derivadas de la utilización de dichas leyes. (Ver trabajos de Luis Esteva.).

Corrección: L. Esteva M. propone la expresión:

$$\upsilon(y) = C_1 K y^{-r}\left[1 - \frac{c_2}{c_1}\left(\frac{y}{y_1}\right)^{\epsilon}\right]$$

donde:

$$C_1 = \exp^{Q_1}\left[(1-\phi)\left[\frac{Ln(y/y_1) - m - \sigma^2 r_i}{\sigma}\right]\right]$$

$i = 1,2$

$Q_i = \frac{1}{2}\sigma^2 r_i^2 + m r_i$

$r_1 = r$

$r_2 = r-\in$

K, r, ϵ y y_i son los parámetros de E" [$\nu_{co\,i}$ y_i] ; m y σ son respectivamente la media y la desviación estándar del error de predicción de las leyes de atenuación y ϕ es la función normal de distribución de probabilidades con media nula y variancia unitaria.

E" (.) es la esperanza a *posteriori* dada por:

$$E''\left[\upsilon_{co}(y_i)\right] = \int \xi\, \upsilon_{co}\left(y_i\, f''_z(z|y_n t)\right) dz$$

Ejemplo de aplicación. Sea una magnitud, M = 8.20 (Richter) y un valor 24.5 a 40 de R en km.
En la fórmula de Luis Esteva:

$$a = 5600 \exp^{0.8M} (R + 40)^{-2} \quad \text{(aceleración)}$$

Tendremos que la aceleración oscilará entre 617 y 950 cm/s², aplicable a la costa de México (Guadalajara).

La expresión anterior, fue producto de la adopción de una fuente sísmica, con información geológica, tectónica. El dato de a, v, el tipo de terreno y el factor de magnificación, permitirá establecer el espectro de diseño.

La aplicación de la fórmula de la velocidad nos daría una variación comprendida entre 96 y 150
cm/s.

Si aplicamos la expresión de N. M. Newmark:

$$T = 2\,\Pi^{*}\, v/a., \text{ (s.)}$$

Obtenemos, T = 2 Π* 96/617 o también T = 2 Π* 150/950 o sea T = 1 *s.*, que vendría a ser el
período de resonancia de la zona, con una variación entre 0.70 *s.* y 1.30 *s.* los
datos anteriores nos permitirían construir el espectro de diseño y naturalmente establecer un coeficiente sísmico:

$$C_s = a/g.$$

Hemos obtenido un período de probable resonancia, en base a la teoría de las probabilidades; podemos por otra parte y de acuerdo a conceptos ya presentados obtener otro valor, ahora en base a las características dinámicas del subsuelo:

$$T = 4 * H/v_S, (s.)$$

Y el factor de magnificación lo calcularíamos como:

$$f_m = R_a/a_m$$

valor que en general varía entre 5 y 8. La variación de este factor de amplificación o magnificación se ha podido establecer en suelos de alta plasticidad como las arcillas del valle de México y suelos altamente granulares como son los limos arenosos del valle de San Salvador, según se presenta en el último capítulo.

Establecidos los valores anteriores, podremos dibujar un espectro de diseño, según hemos explicado en esta obra.

Proposición para establecer el coeficiente sísmico
En el ejemplo que venimos manejando hemos obtenido:

$$0.30 \text{ s.} < T_{reson.} < 1.00 \text{ s}$$

y aplicando la expresión:

$$\text{f. magn.} = a_{sup.}/a_{spect.}$$

para un valor de 5 (estimado), obtenemos la siguiente tabla de coeficientes:

f *magn*	*Q*
5	0.53
4	0.43
3	0.33
2	0.23

Y así nuestra envolvente de espectro sería:

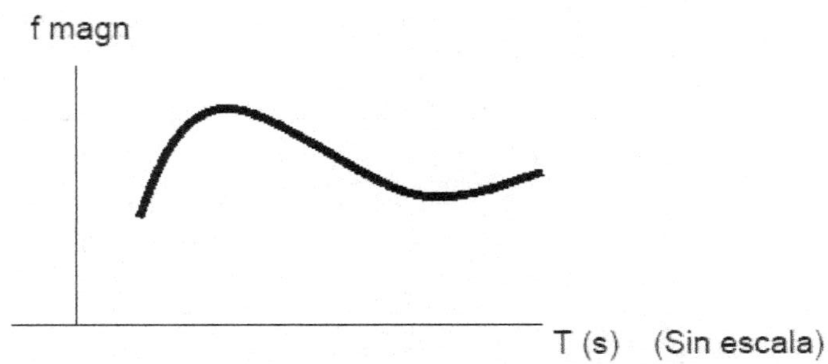

Nota: El manual de obras civiles de la C.F.E. en el capítulo de diseño sísmico, presenta nuevos conceptos sobre este tema (1993).

FUNCIONES DE ATENUACION

Referencia	Origen de Datos	Distancia parametral	Variable Dependiente	Ecuación	Desviación estándar
Donovan (1973)	Woldwide	Hypocentral distance, epicentral distance, or distance to fault R (km)	Peak ground acceleration a_g (gals)	$a_g = 1320 \exp^{0.58M}(R+25)^{-1.52}$	$\sigma_{\ln\ a_g} = 0.84$
Duke and others (1972)	San Fernando, all sites	Distance to energy center R (km)	Peak ground acceleration a_g (g)	$a_g = \frac{6.69}{R} \exp^{-0.0097R}$	$\sigma_{a_g} = 0.052$ g
			Spectral Acceleration s_g (g)	$s_g = \frac{5.34}{R} \exp^{-0.0068R}$	$\sigma_{s_g} = 0.053$ g
Esteva (1970)	See reference	Hypocentral distance R (km)	Peak ground acceleration a_g (gals)	$a_g = 1230 \exp^{0.8M}(R+25)^{-2}$	$\sigma_{\ln\ a_g} = 1.2$
			Peak ground velocity v_g (cm/sec)	$v_g = 15 \exp^{M}(R+0.17\exp^{0.57M})^{-1}$	$\sigma_{\ln\ v_g} = 0.84$
Esteva and Rosenblueth (1964)	West Coast of United States	Hypocentral distance R (km)	Peak ground acceleration a_g (gals)	$a_g = 2000 \exp^{0.8M} R^{-2}$	See reference
			Peak ground velocity v_g (cm/sec)	$v_g = 20 \exp^{M} R^{-1.7}$	See reference
Esteva and Villaverde (1974)	Western United States	Hypocentral distance R (km)	Peak ground acceleration a_g (gals)	$a_g = 5600 \exp^{0.8M}(R+40)^{-2}$	$\sigma_{\ln\ a_g} = 0.64$
			Peak ground velocity v_g (cm/sec)	$v_g = 32 \exp^{M}(R+25)^{-1.7}$	$\sigma_{\ln\ v_g} = 0.74$
Esteva and Villaverde (1974)	Western United States	Hypocentral distance R (km)	Maximun average spectral acceleration $\bar{A}$ (gals)	$\bar{A} = 69600 \exp^{0.8M}(R+70)^{-2}$	$\sigma_{\ln\ \bar{A}} = 0.75$
			Maximun average velocity $\bar{V}$ (cm/sec)	$\bar{V} = 250 \exp^{M}(R+60)^{-1.7}$	$\sigma_{\ln\ \bar{V}} = 0.64$

ALGUNOS DATOS SIGNIFICATIVOS, SOBRE LOS TERREMOTOS DE ENERO y FEBRERO DE 2001.

13 de Enero del 2001				
LUGAR	ACELERACIONES (m/seg^2)			RELACION
	HORIZONTAL	VERTICAL	HORIZONTAL	V/ H
	N-S	------------	E-W	------------
San Salvador	2.955	1.499	2.725	0.50
La Libertad	11.08	6.243	5.638	0.56

13 de Febrero del 2001				
LUGAR	ACELERACIONES (m/seg^2)			RELACION
	HORIZONTAL	VERTICAL	HORIZONTAL	V/ H
	N-S	------------	E-W	------------
San Salvador	1.213	0.51	0.971	0.42
La Libertad	0.89	0.35	0.91	0.39

17 de Febrero del 2001				
LUGAR	ACELERACIONES (m/seg^2)			RELACION
	HORIZONTAL	VERTICAL	HORIZONTAL	V/ H
	N-S	------------	E-W	------------
San Salvador	0.924	0.715	0.785	0.77
La Libertad	0.25	0.076	0.14	0.31

(Datos de los Acelerógrafos de la UCA- Universidad Centro Americana).

PERIODO DE RESONANCIA DEL SUELO

En la estación San Salvador de la UCA (Externado de San José), el terremoto del día 13 de Enero de 2001, se leyó una aceleración máxima horizontal

$$a_{máx} = 2.955 \text{ m/s}^2$$

La aceleración vertical fue

$$a_{vertical} = 1.4999 \text{ m/s}^2$$

O sea que la aceleración vertical fue el 50% de la horizontal

El periodo de resonancia del suelo de la zona es:

$$T = \frac{4 * 15 \quad m}{145\, m/s} = 0.41 \quad s$$

siendo:

Capa dura = 15 m

υs = 145 m/seg.

8 PLACAS TECTONICAS

¿QUÉ ES UNA PLACA TECTÓNICA?

El término "placa tectónica" hace referencia a las estructuras por la cual está conformado nuestro planeta. En términos geológicos, una placa es una plancha rígida de roca sólida que conforma la superficie de la Tierra (litósfera), flotando sobre la roca ígnea y fundida que conforma el centro del planeta (astenósfera). La litósfera tiene un grosor que varía entre los 15 y los 200 km., siendo más gruesa en los continentes que en el fondo marino.

¿POR QUÉ ESTA PLACA FLOTA, SI ES TAN PESADA?

Porque comparada con los metales que conforman el núcleo resulta relativamente más liviana (está conformada principalmente por cuarzo y silicatos).

La Tierra, hace 225 millones de años (recordemos que la Tierra nació hace 4.600 millones de años), estaba conformada en su superficie por una sola estructura llamada "Pangea" (todas las tierras, en griego), la que se fue fragmentando hasta conformar los continentes tal como los conocemos en la actualidad. Aunque esta teoría fue propuesta ya en 1596 por el cartógrafo holandés Abraham Ortelius y refrendada por el meteorólogo alemán Alfred Lothar Wegener en 1912 al notar la semejanza de las formas de América del Sur y África, recién en los últimos 30 años, gracias al desarrollo de la ciencia, ha adquirido la sustentación suficiente como para revolucionar la comprensión de muchos fenómenos geológicos, dentro de ellos los Terremotos.

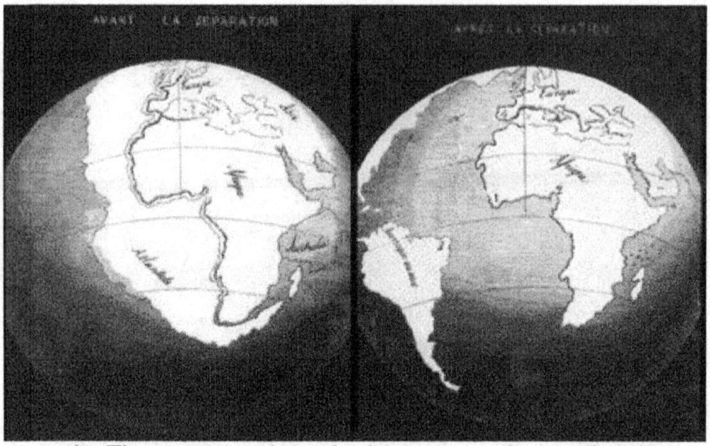

La Tierra antes y después de separarse los continentes.

¿CUÁLES SON LOS HALLAZGOS QUE CONFIRMARON LA TEORÍA DE WEGENER?

Fundamentalmente 4:

1.- El mayor conocimiento de los fondos marinos gracias al ecodoppler, sonar, computación, etc. Se determinó que el fondo del Atlántico era mucho más delgado de lo que se pensaba, que había una cadena montañosa submarina de más de 50.000 km de largo recorriendo toda la Tierra (Cordillera mesoatlántica), etc.

2.- El descubrimiento de el "Listado Magnético" del fondo marino, que corresponde a minerales magnéticos (magnetita) formados al enfriarse el magma del núcleo de la Tierra y dispuestos en franjas de polaridad inversa entre una y otra.

3.- Dispersión y reciclaje de la costra marina. Resultado de las exploraciones en busca de petróleo, se han obtenido muestras del fondo marino que muestran zonas de distinta edad geológica: hay crestas o arrecifes son más jóvenes y trincheras o cañones profundos que son más antiguos.

Esta disposición concuerda con la cadena montañosa y con esta polaridad magnética alternada de los puntos anteriores. De acuerdo a los científicos Harry H. Hess y Robert S. Dietz, la litósfera del Atlántico se está expandiendo y la del Pacífico encogiendo. Las zonas antiguas se hunden en la "trincheras" y aparecen zonas jóvenes en los arrecifes, produciéndose así un "reciclaje del fondo marino.

4.- Mayor ocurrencia de sismos en las zonas de las crestas y trincheras.
Podríamos resumir el fenómeno diciendo que estas placas están en contacto entre sí, como enormes témpanos que se juntan o separan, provocándose los cambios geológicos (y los sismos) en las fronteras de las placas.

La explicación de por qué se mueven es aún poco clara, pero podía explicarse por el fenómeno de convección, que se refiere a la influencia que la temperatura en el magma del núcleo de la tierra ejerce sobre los distintos minerales, haciendo flotar a los más calientes y hundiéndose los más fríos, de manera similar a como hierve el agua en una olla. El calor provendría del decantamiento radiactivo de isótopos como el uranio, torio y potasio (fenómeno que libera energía) así como de el calor residual aún presente desde la formación de la Tierra.

Hay cuatro tipos fundamentales de fronteras o vecindades de las placas (en inglés: boundaries):

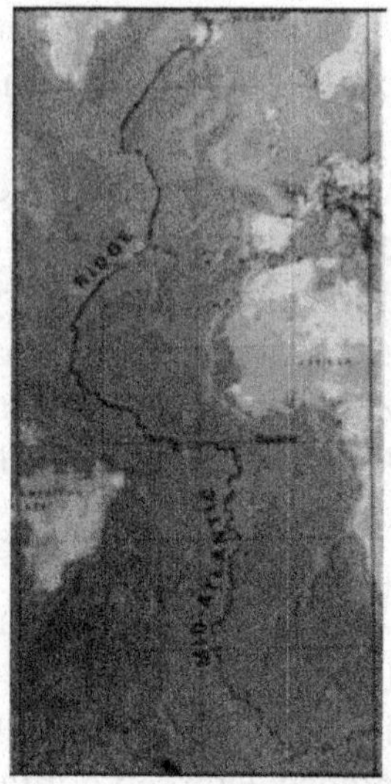

Fronteras divergentes: Donde se genera nueva costra que rellena la brecha de las placas al separarse.
El caso mejor conocido de frontera divergente es esta cordillera mesoatlántica a la que hacíamos referencia en el punto anterior y que se extiende desde el Océano Artico hasta el sur de Africa. En esta frontera se están separando las placas Norteamericana y Euroasiática a una velocidad de 2,5 cm cada año.

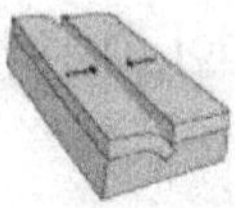

Fronteras convergentes: donde la costra es destruida al hundirse una placa bajo la otra (subducción).
El ejemplo más conocido es el de la Placa de Nasca (o Nazca), que se está hundiendo bajo la placa Sudamericana frente a las costas de Perú y Chile, dando origen a una de las zonas más sísmicas del planeta

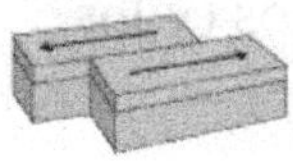

Zonas fronterizas de las placas: es un ancho cinturón en que las fronteras no están bien definidas y el efecto de la interacción de las placas no es claro.

Fronteras de transformación: donde la costra ni se destruye ni se produce y las placas sólo se deslizan horizontalmente entre sí.
Un ejemplo de este tipo de fronteras es la tan conocida Falla de San Andrés, en California.

ESTRUCTURA DE LAS PLACAS TECTONICAS Y COMO INFLUYEN EN LOS FENOMENOS GEOLOGICOS

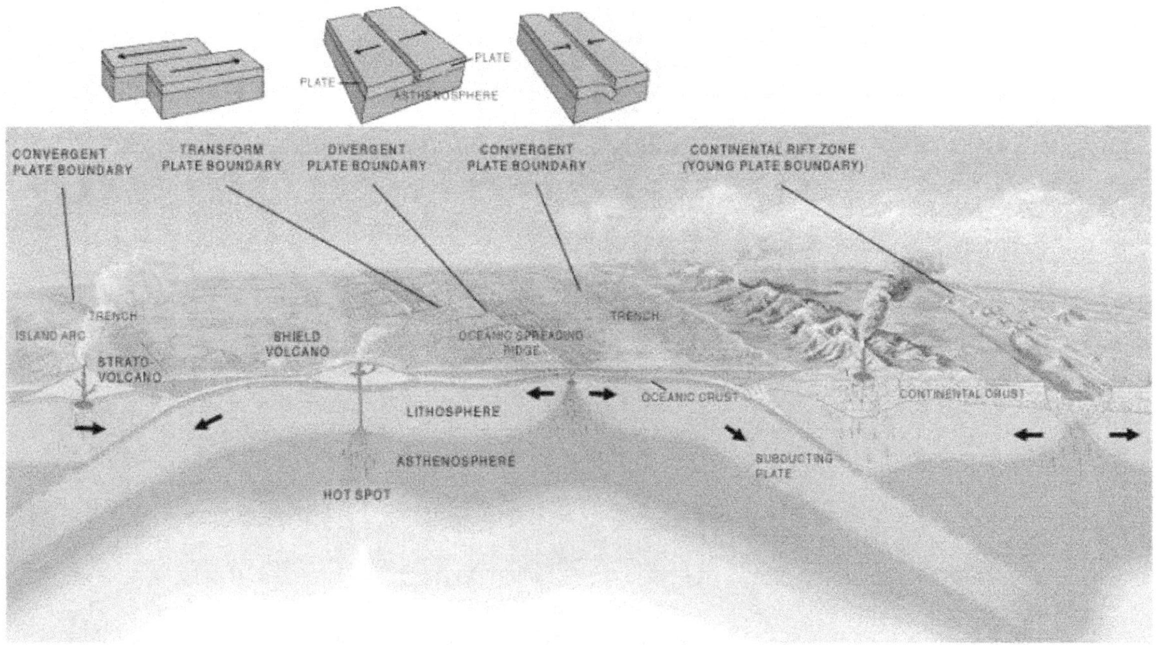

Sección transversal de la corteza terrestre ilustrando los tipos de placas tectónicas.
Ilustración por José F. Vigil de "This Dynamic Earth", Mapa Mural producido en conjunto por U.S. Geological Survey, el Smithsonian Institution, y el U.S. Naval Research Laboratory.

Disposición actual de las distintas placas tectónicas:

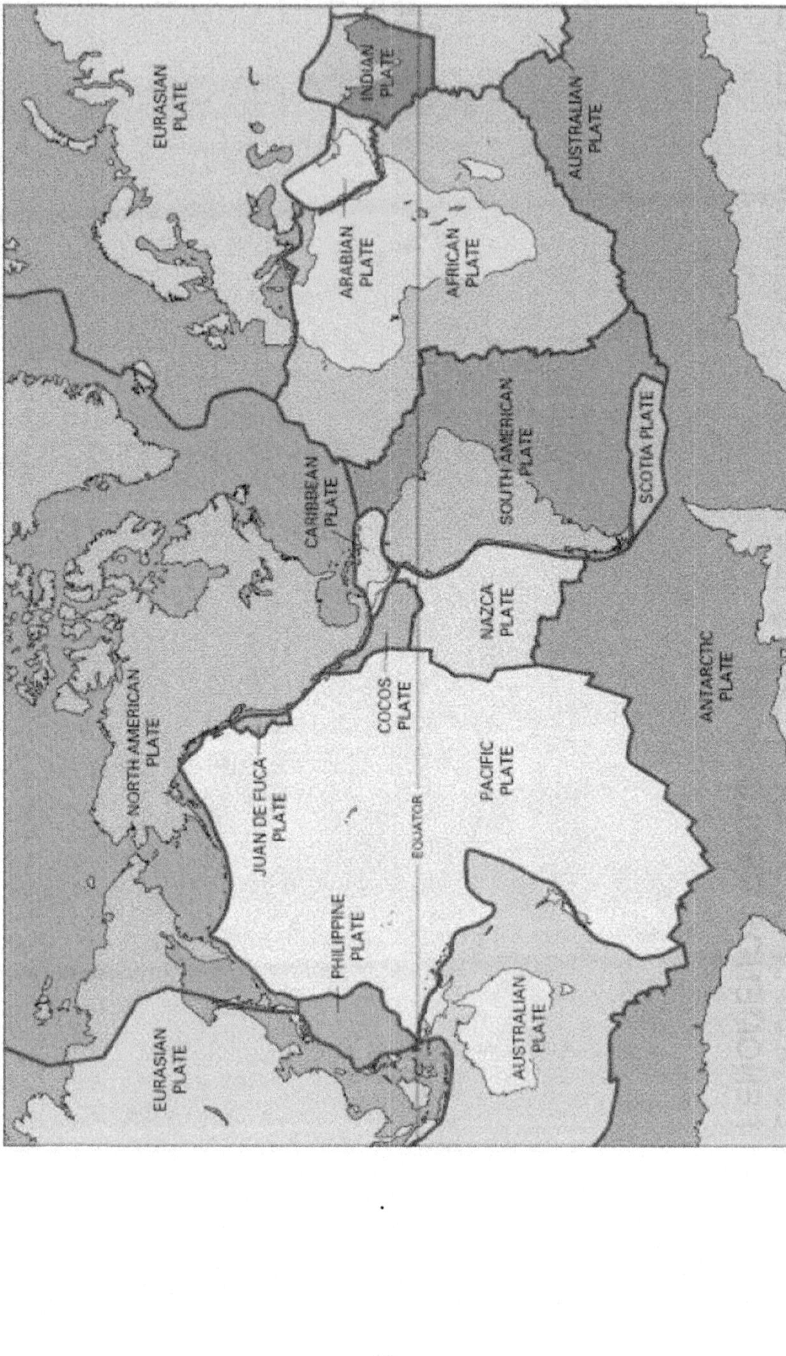

Fuente: U.S. Geological Survey

APENDICE: ALGUNAS GRAFICAS EXPLICATIVAS

Se presenta en este apéndice una serie de gráficas ilustrativas de conceptos que serán de interés a los ingenieros civiles en la interpretación de asuntos sísmicos.

Aunque algunos datos se refieren a 1986, la carencia de registros por parte de C.E.I.G. nos obliga a hacerlo.

Además los registros existentes de la Universidad Centroamericana (UCA), son solamente los acelerogramas, es decir, son incompletos y no podemos aún proporcionar mayor información con ellos.

Sin embargo, los datos que presentamos derivados del subsuelo del país, son valederos y aplicables a los diseños estructurales.

Figura 1. Tipos de Ondas que se Generan durante un Terremoto

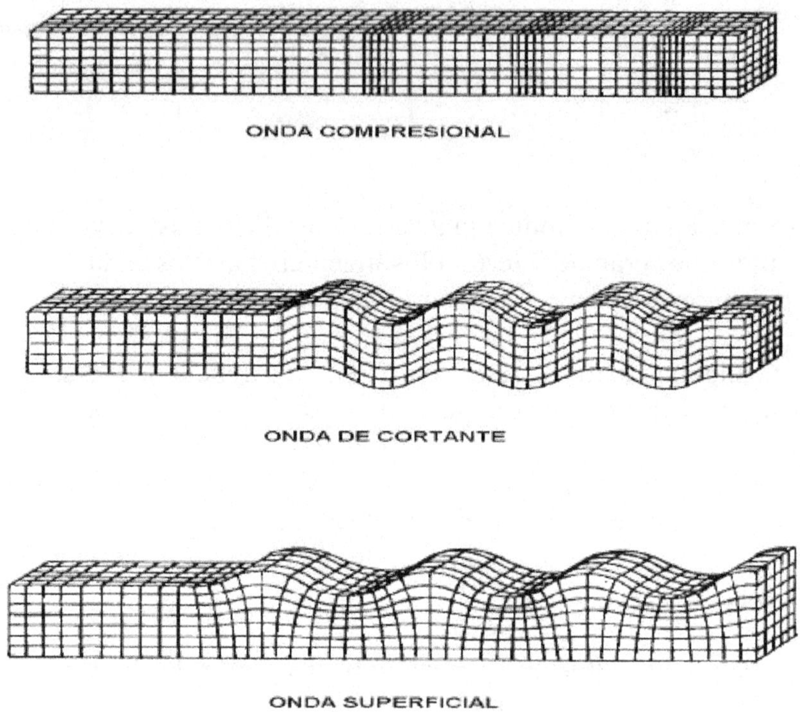

TIPOS DE ONDAS QUE SE GENERAN DURANTE UN TERREMOTO

Figura 1.

Figura 2. Algunos Efectos de los Terremotos

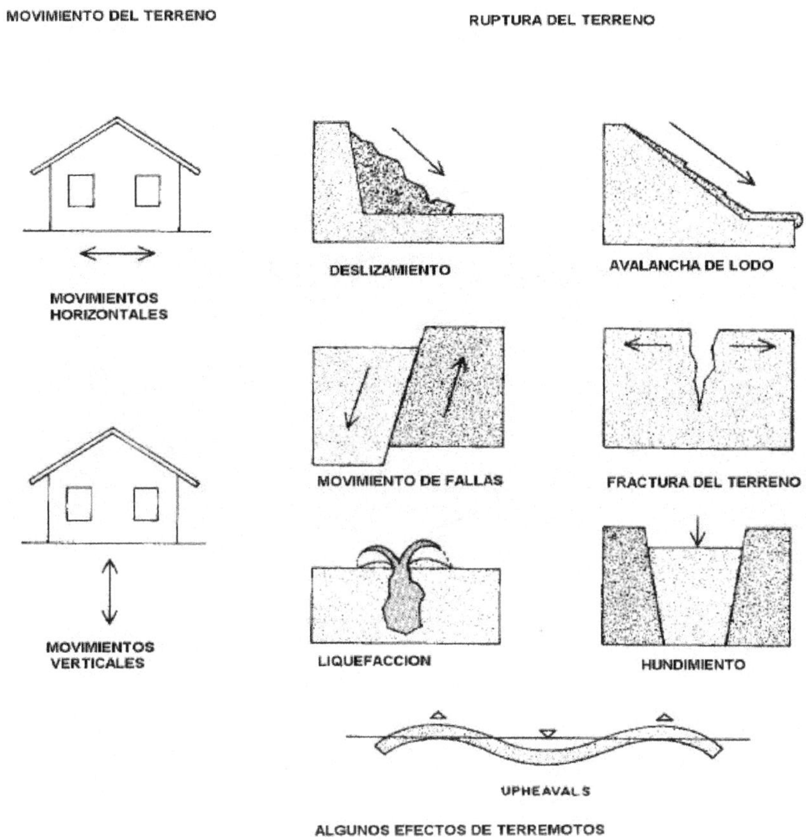

Figura 2.

Figura 3. Definiciones

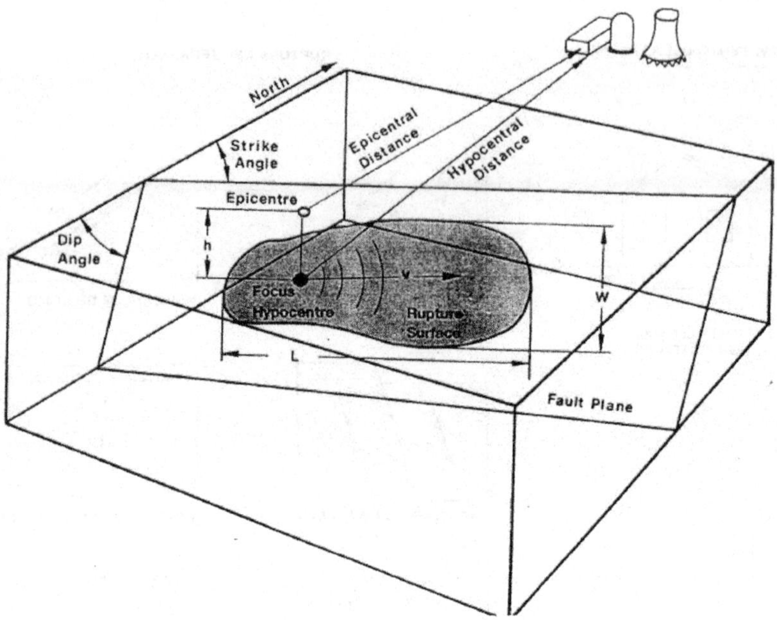

Figura 3. Definiciones

Figura 4. Movimientos de las Placas

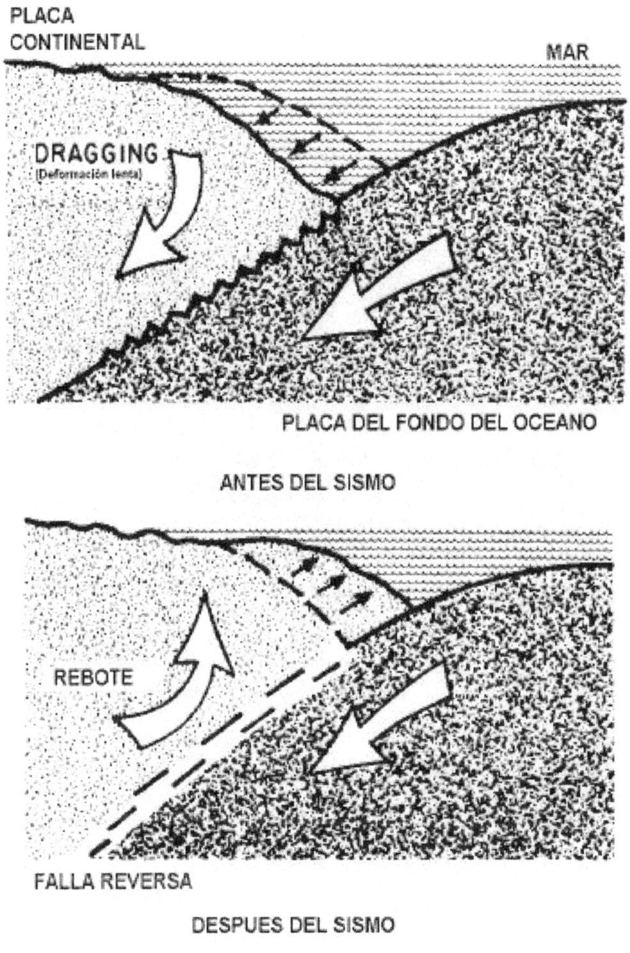

Figura 4

Figura 5. Conformación de la Tierra

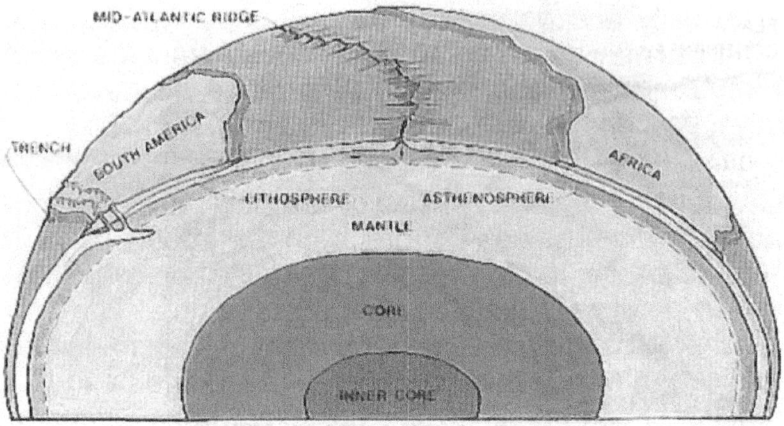

Figura 5. CONFORMACION DE LA TIERRA

Figura 6. El Principio de los Continentes

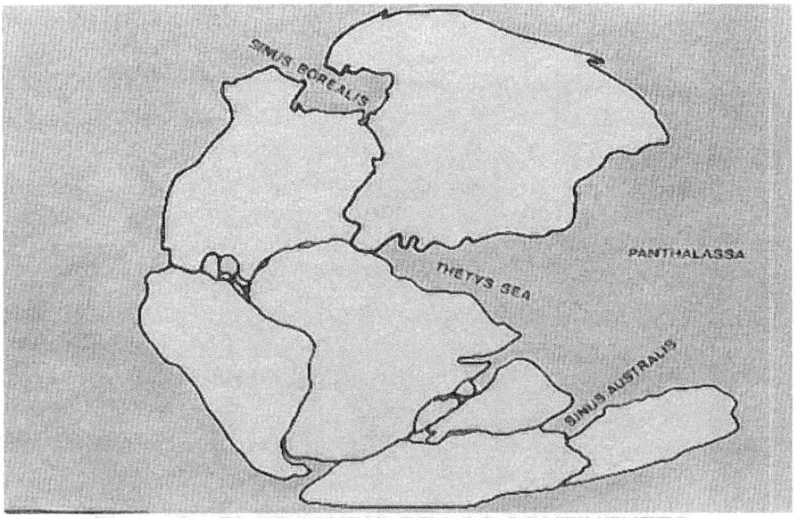

Figura 6. EL PRINCIPIO DE LOS CONTINENTES

Figura 7. La Separación de los Continentes

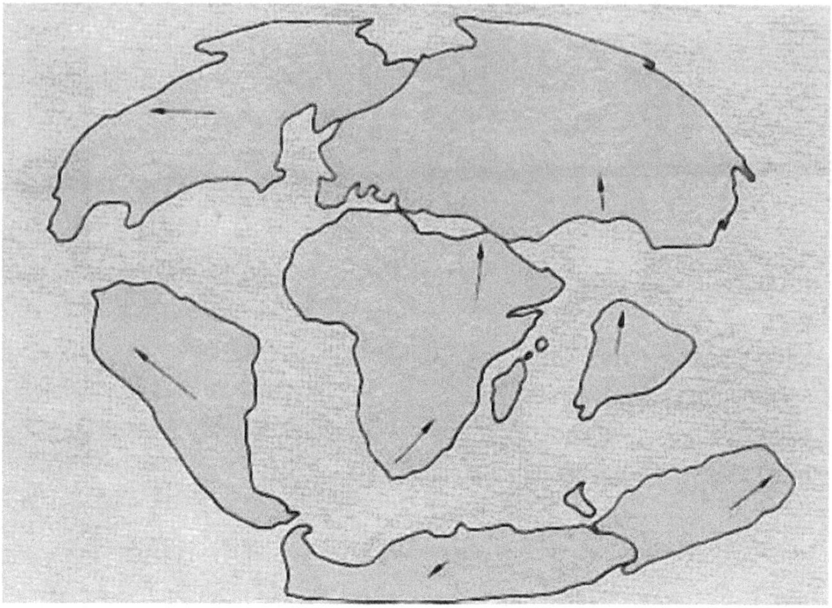

Figura 7. LA SEPARACION DE LOS CONTINENTES

Figura 8. Formación de los Continentes

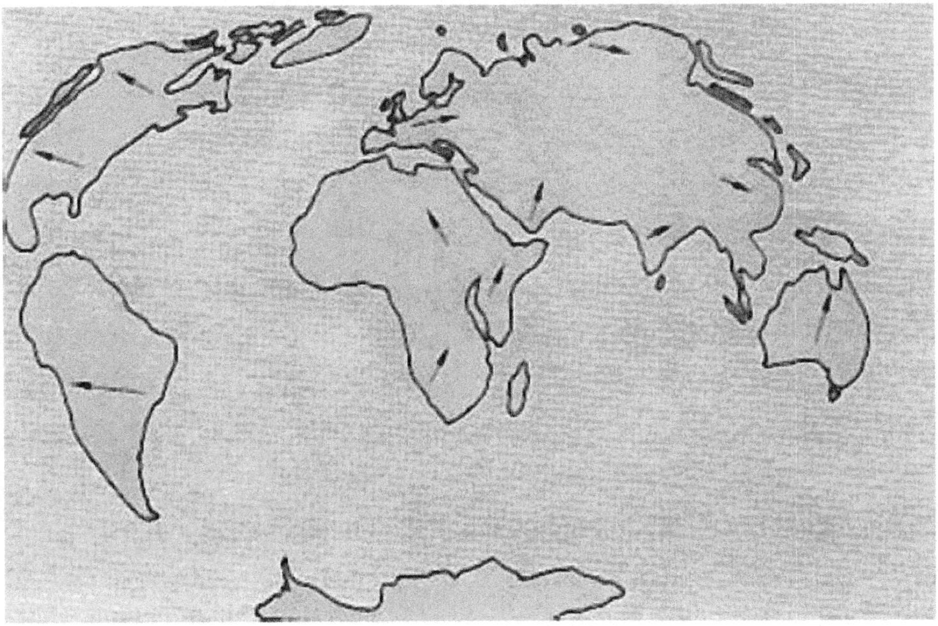

Figura 8. FORMACION

Figura 9. Sismo en el Mar (Subducción)

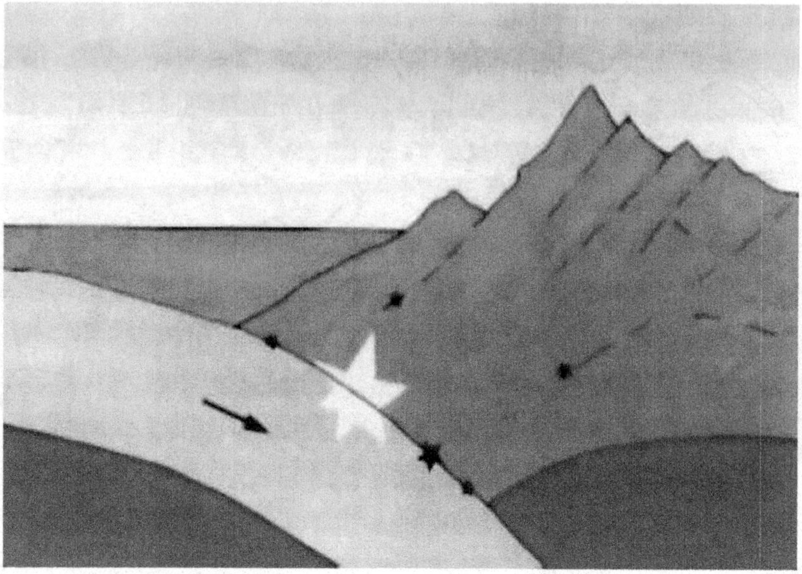

Figura 9. SUBDUCCION (Sismo en el mar)

Figura 10. Sismo Tierra Adentro

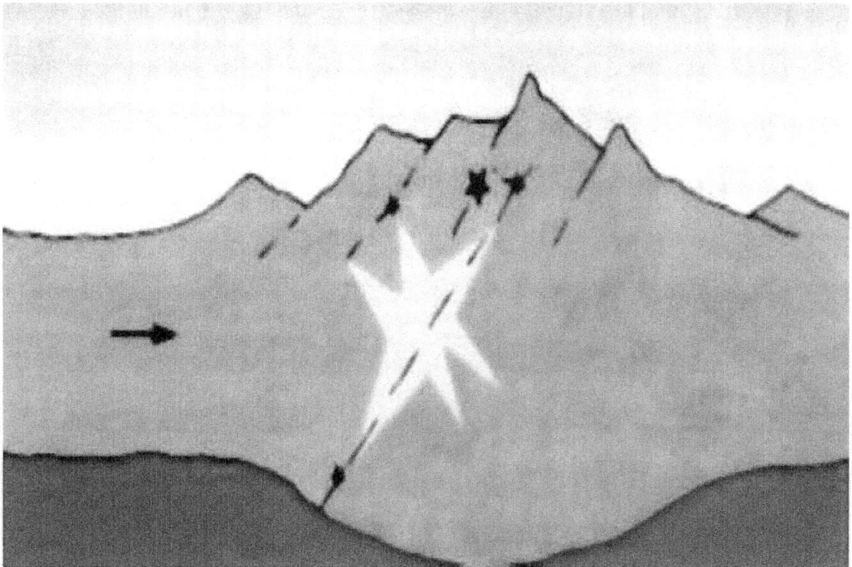

Figura 10. SISMO TIERRA ADENTRO

Figura 11. Desplazamiento Lateral

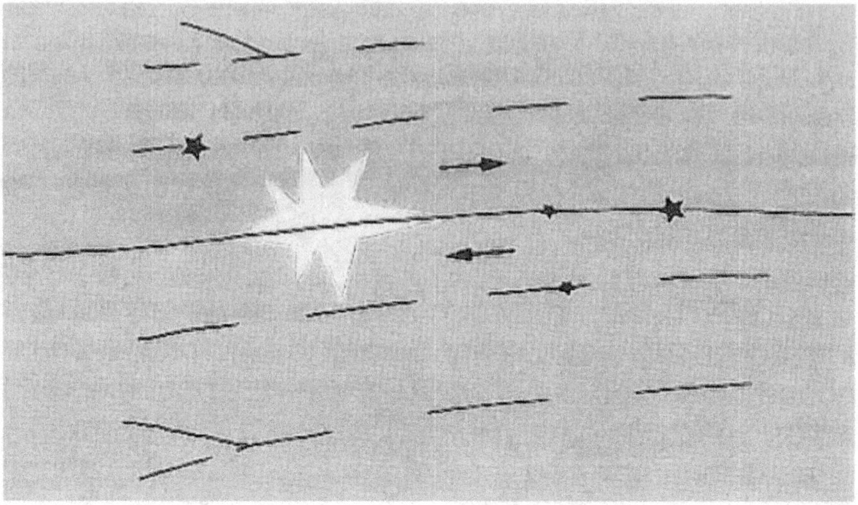

Figura 11. Desplazamiento lateral

Figura 12. Origen de los Terremotos en El Salvador

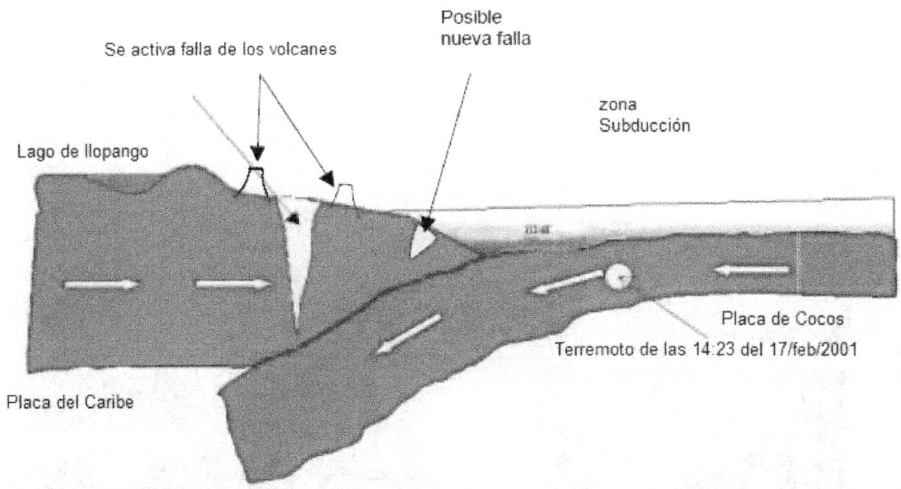

Figura 12. Origen de Terremotos en El Salvador

Figura 13. Centroamérica

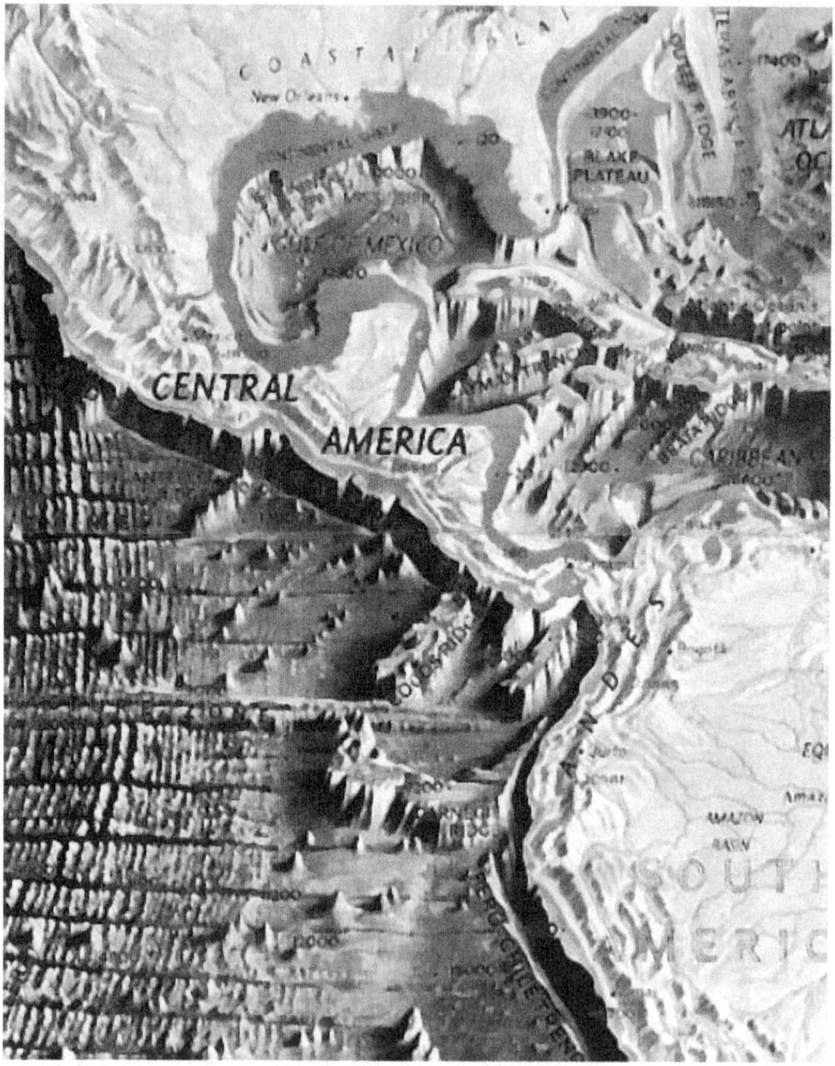

Figura 13. Centro América

Figura 14. Ondas Sísmicas de Importancia

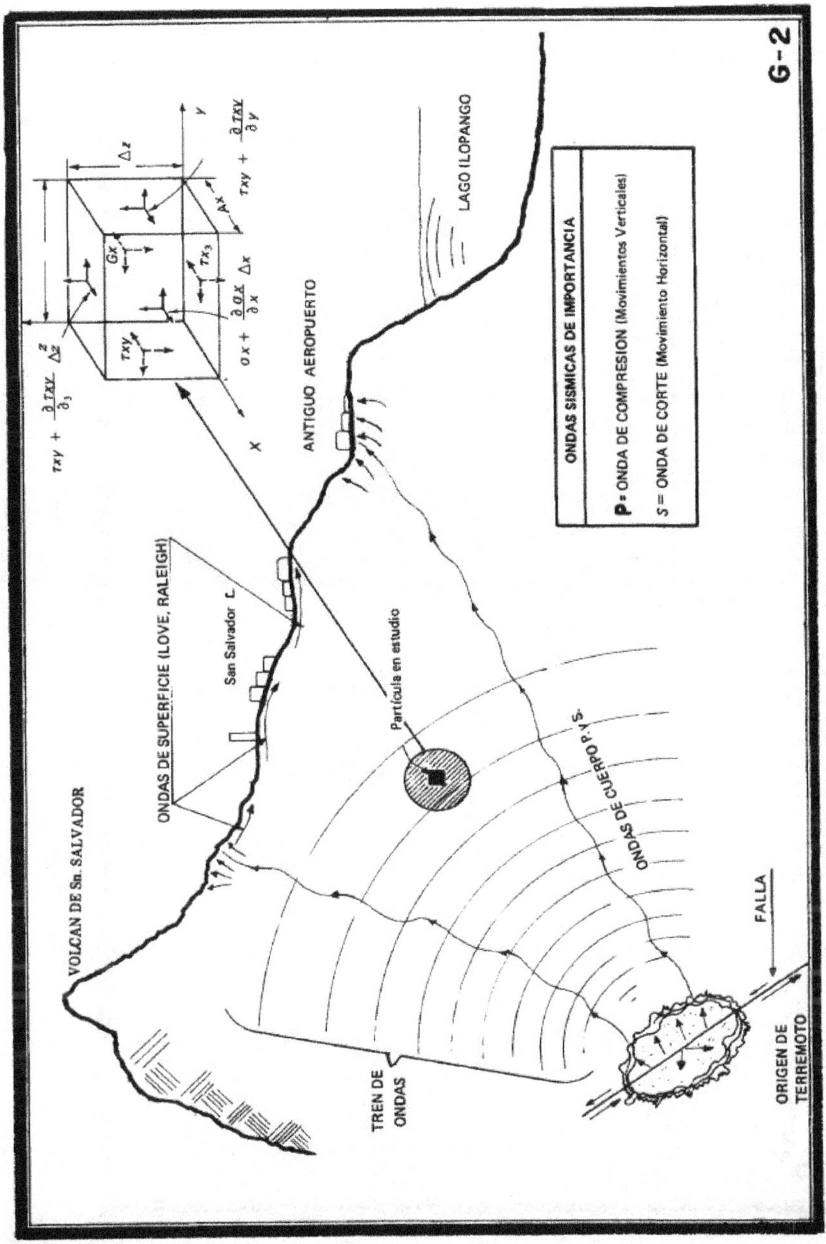

Figura 14. Ondas Sísmicas de Importancia

Figura 15. Análisis Sísmico Hazard

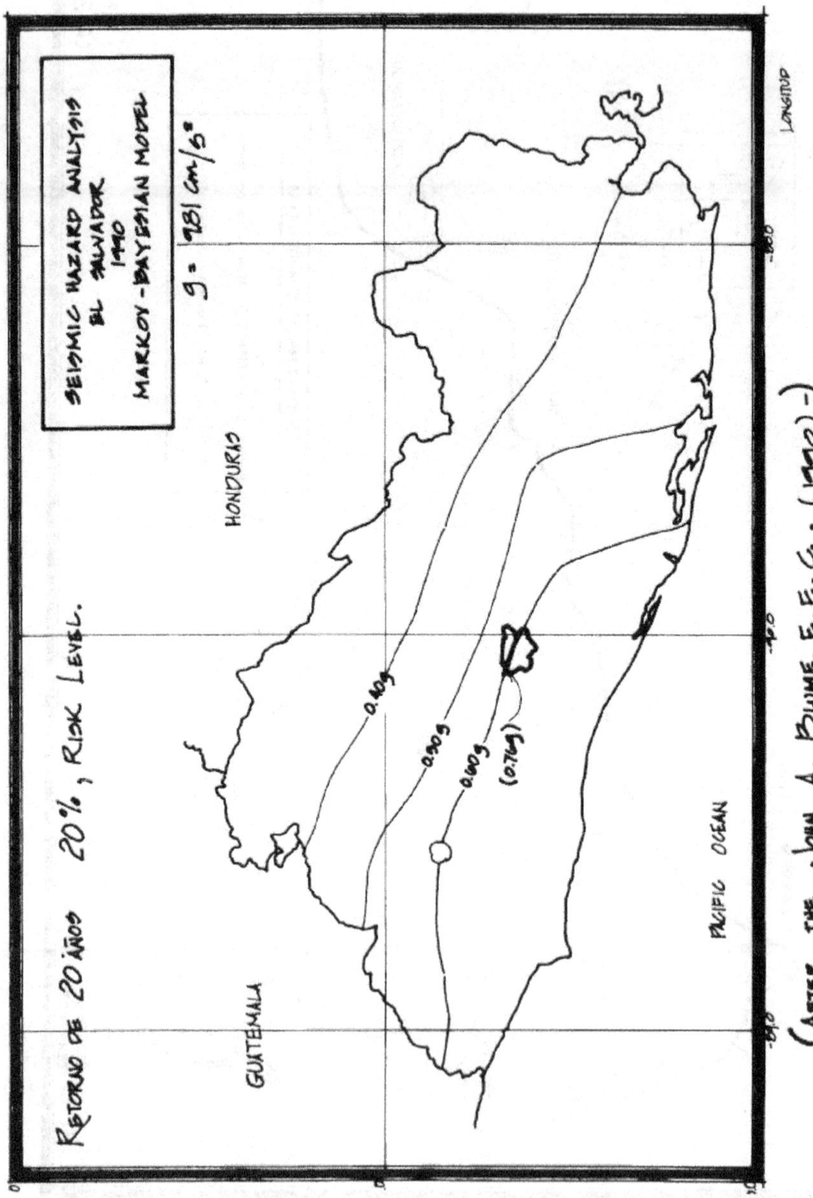

Figura 15. Análisis Sísmico Hazard

Figura 16. Rasgos Tectónicos de América Central y el Caribe

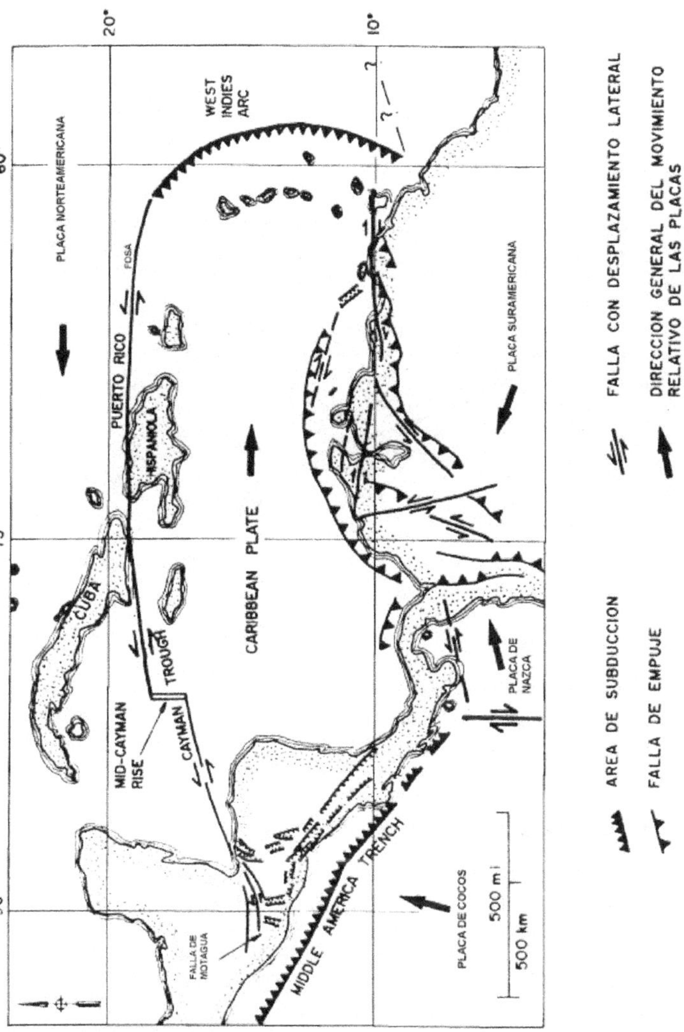

Figura 16.

RASGOS TECTONICOS DE LA AMERICA CENTRAL Y DEL CARIBE
TOMADO DE (25).

Figura 17. El Problema Sísmico Centroamericano

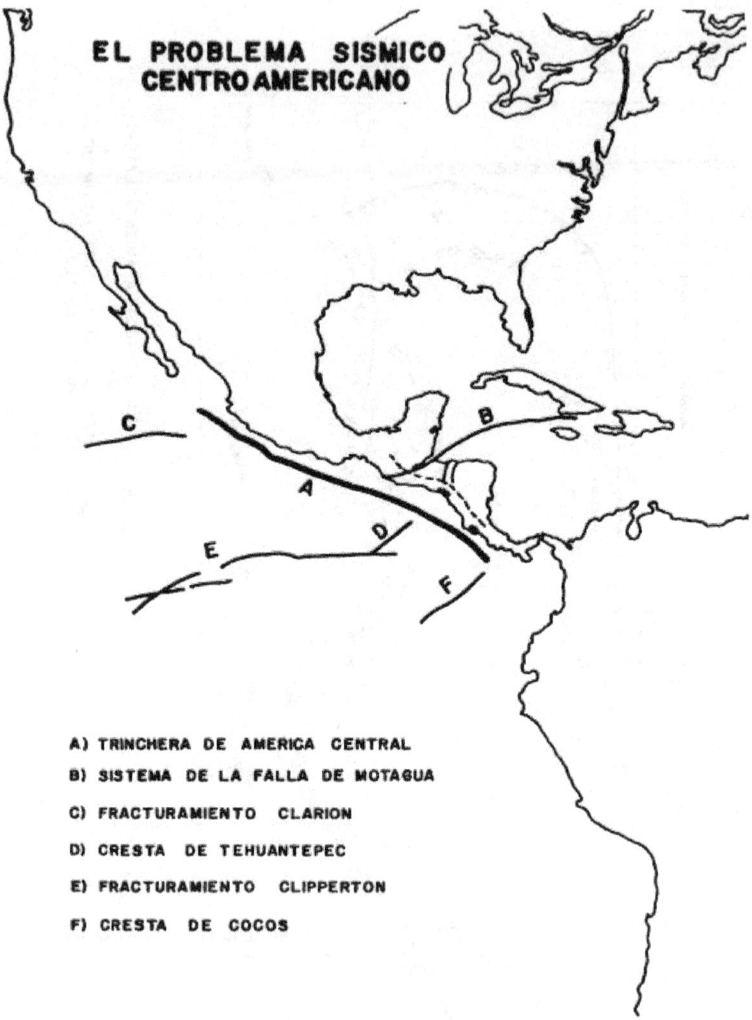

Figura 17.

Figura 18. Accidentes Volcánicos de San Salvador

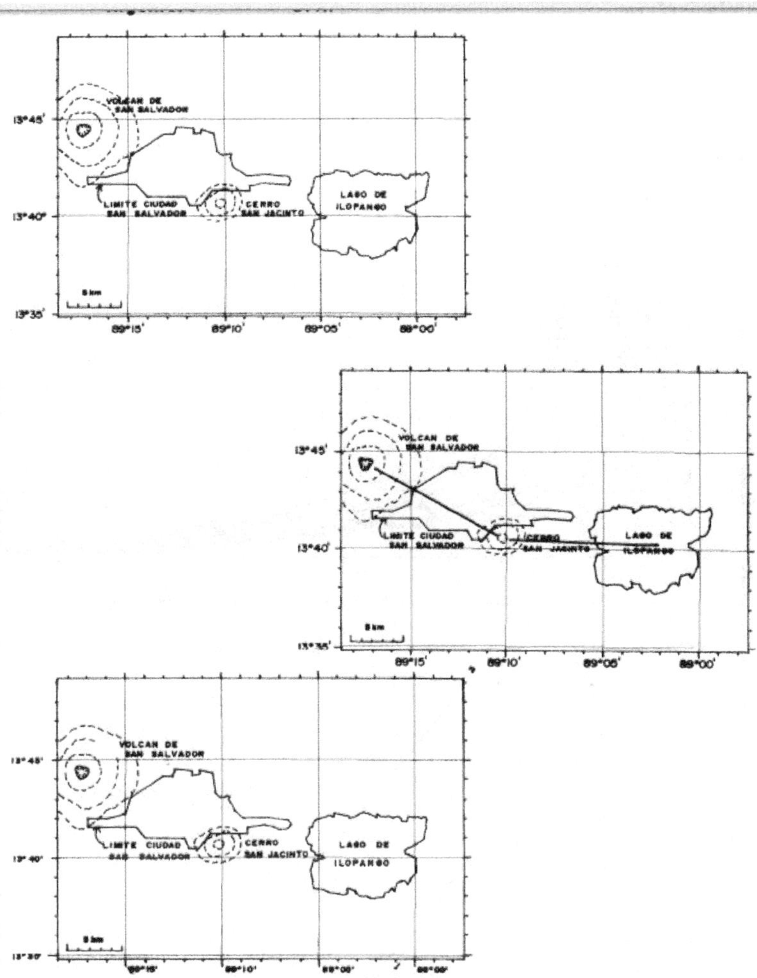

Figura 18.

Figura 19. Envolvente de Espectro de San Salvador. Espectro propuesto por Rafael Colindres Selva para El Salvador

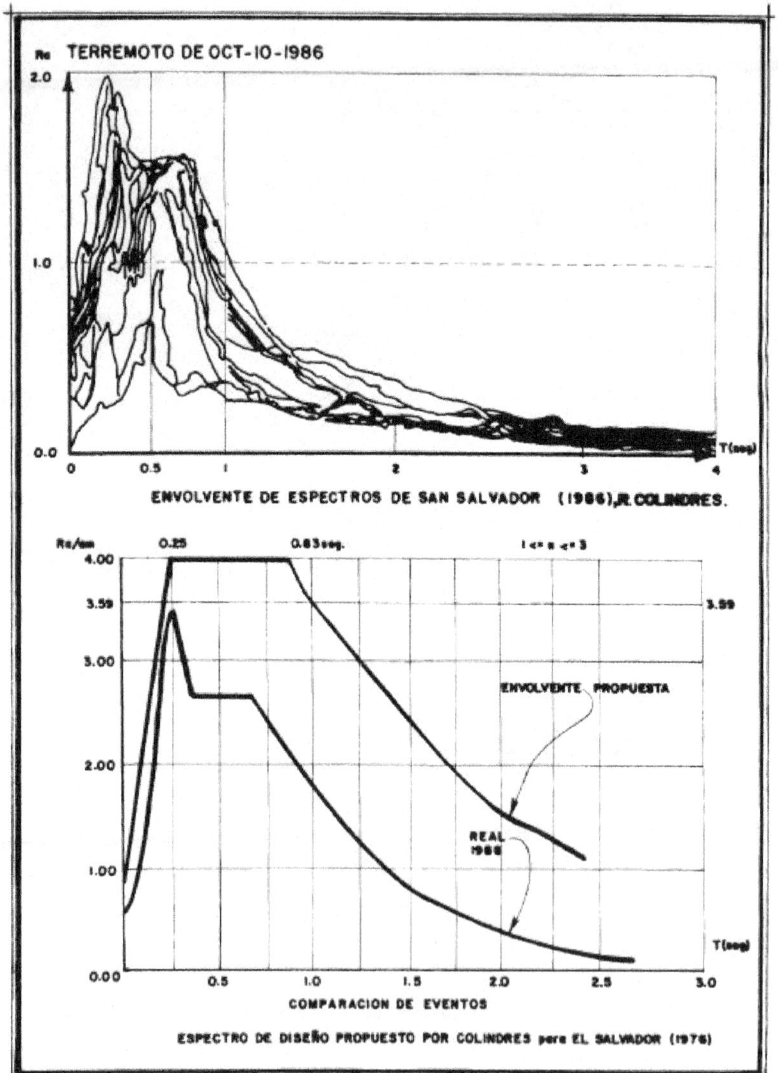

Figura 19.

Figura 20. Factores de Amplificación para San Salvador. Datos del terremoto de San Salvador (1986)

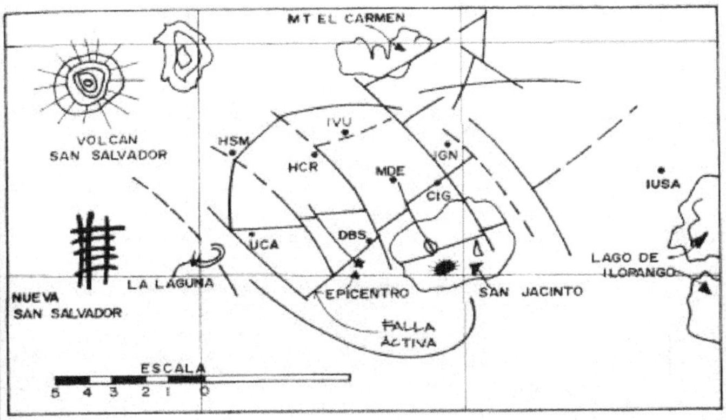

89°19' 89°15' 89°10' AFTER 89°0'

Nomenclatura:
HSH: Hotel El Salvador.
IVU: Instituto de vivienda Urbana
UCA: Universidad Centroamericana

IGN: Instituto Geográfico
OBS: Observatorio Natural
HCR: Hotel Camino Real

(California Depto of Conservacion 1986.)

FACTORES DE AMPLIFICACION PARA SAN SALVADOR.-

LOCALIZACION	EPICENTRO Km	Gm. (cm/seg^2)	Ra (cm/seg^2)	fa
H.R.C.	6.70	471	1570	3.33
I.V.U.	8.50	706	1570	2.22
O.S.N.	3.90	645	2322	3.60
C.E.I.G.	5.30	691	1942	2.81
I.G.N.	6.70	530	1570	2.96
U.C.A.	6.70	381	1374	3.60
H.SHT	8.90	315	981	3.11

DATOS DEL TERREMOTO DE SAN SALVADOR (1986).-

SIENDO:

Gm: ACELERACION DEL TERRENO.
Ra: ACELERACION DEL ESPECTRO
fa: AMPLIFICACION

RAFAEL COLINDRES SELVA
INGENIERO CIVIL
1986.-

Figura 20.

Figura 21. Aceleraciones

LOCALIZACION	ACELERACIONES cm/seg^2 (a)	Ra cm/seg^2	fa
H.C.R.	471	1570	3.33
I.V.U.	706	1570	2.22
O.S.N.	645	2322	3.60
CEIG	691	1942	2.81
U.C.A.	381	1374	3.60
I G N	530	1570	2.96
H SHT	315	981	3.11

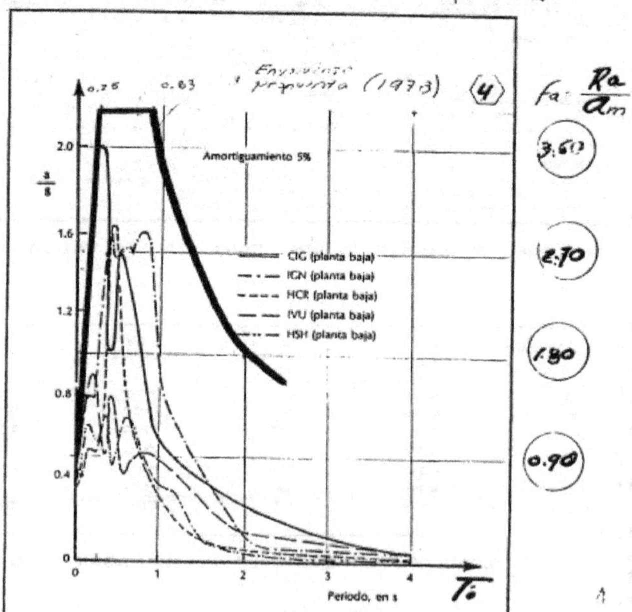

Figura 21.

Figura 22. Destructive Upper- Crystal Earthquakes

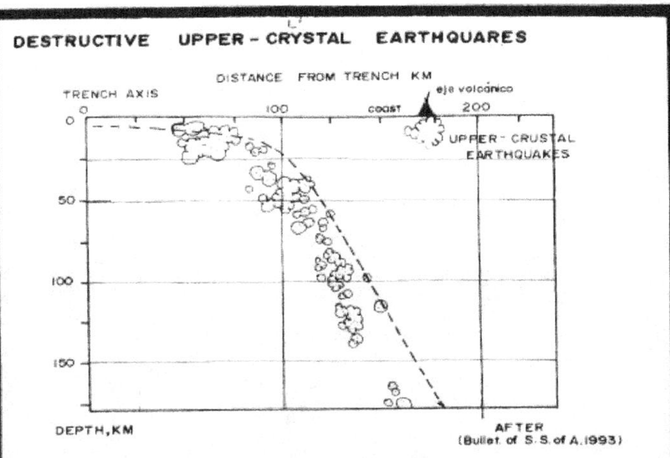

Sea:

am: ACELERACION MAXIMA DEL SUELO.

R_a: RESPUESTA DE ACELERACION.

$f_a = \frac{R_a}{am}$: FACTOR MAGNIFICACION O AMPLIFICACION

$$Sd = \frac{1}{\omega_d} * \left[\int_0^t \alpha(\tau) \epsilon^{-\zeta \omega_i (t-\tau)} \text{ Sen } \omega_d (t-\tau) \, d\tau \right]_{máx}$$

$$V_{máx} = M * \left(\frac{R_a}{am} \right) * am = (M * f_a * am)$$

(CORTANTE)

RAFAEL COLINDRES SELVA
INGENIERO CIVIL (1996).-

Figura 22.

Figura 23. Destructive Upper- Crystal Earthquake

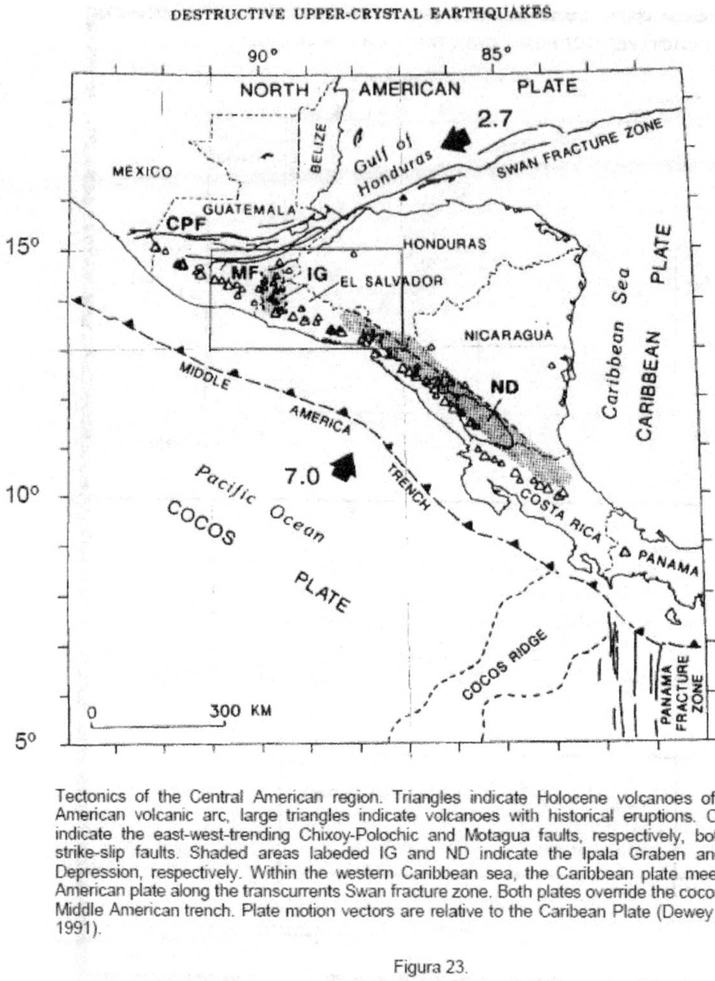

Tectonics of the Central American region. Triangles indicate Holocene volcanoes of the Central American volcanic arc, large triangles indicate volcanoes with historical eruptions. CPF and MF indicate the east-west-trending Chixoy-Polochic and Motagua faults, respectively, both left-lateral strike-slip faults. Shaded areas labeded IG and ND indicate the Ipala Graben and Nicaragua Depression, respectively. Within the western Caribbean sea, the Caribbean plate meets the North American plate along the transcurrents Swan fracture zone. Both plates override the cocos plate at the Middle American trench. Plate motion vectors are relative to the Caribean Plate (Dewey and Suarez; 1991).

Figura 23.

Figura 24. Parámetros propuestos para definir los espectros de diseño

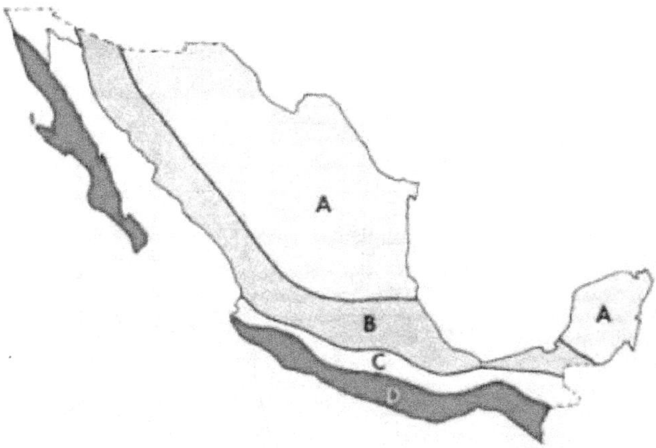

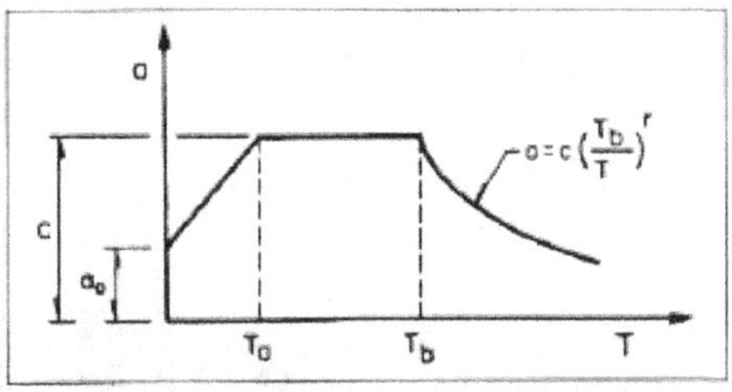

TABLA 3. PARAMETROS PROPUESTOS PARA DEFINIR LOS ESPECTROS DE DISEÑO

Zona	Terreno I					Terreno II					Terreno III				
	c	a_0	T_a	T_b	r	c	a_0	T_a	T_b	r	c	a_0	T_a	T_b	r
A	0.08	0.03	0.3	0.8	1/2	0.18	0.06	0.4	1.7	2/3	0.24	0.08	0.6	3.9	1
B	0.16	0.05	0.2	0.6	1/2	0.36	0.12	0.3	1.7	2/3	0.45	0.15	0.6	3.9	1
C	0.30	—	0	0.6	1/2	0.60	0.20	0.17	1.6	2/3	0.72	0.24	0.3	2.5	1
D	0.44	—	0	0.6	1/2	0.86	—	0	1.4	2/3	1.08	0.36	0.3	2.4	1

Figura 24.

Figura 25. Períodos de Resonancia del suelo en zonas

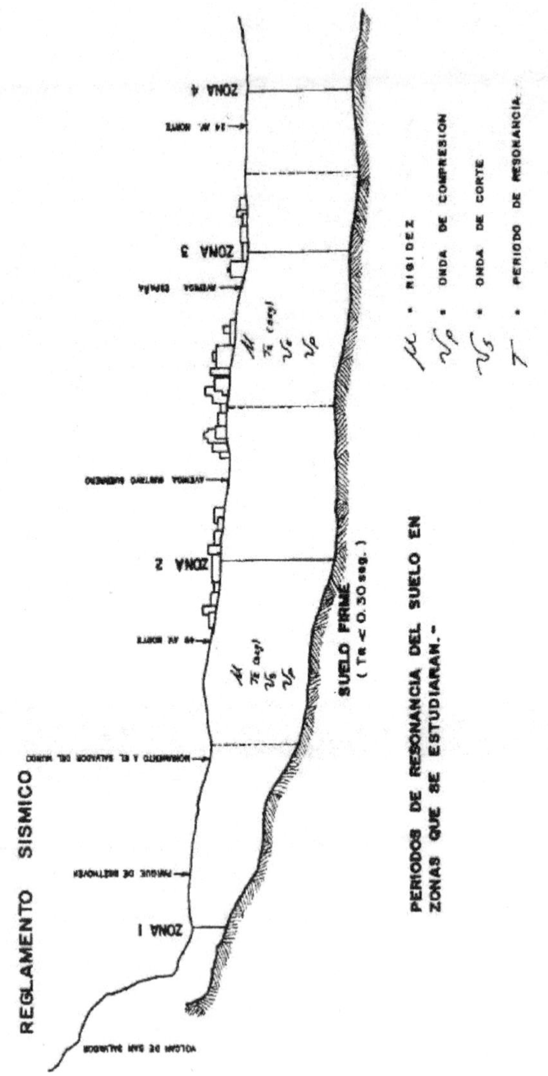

Figura 25.

Figura 26. Zona Benioff. Focos Profundos

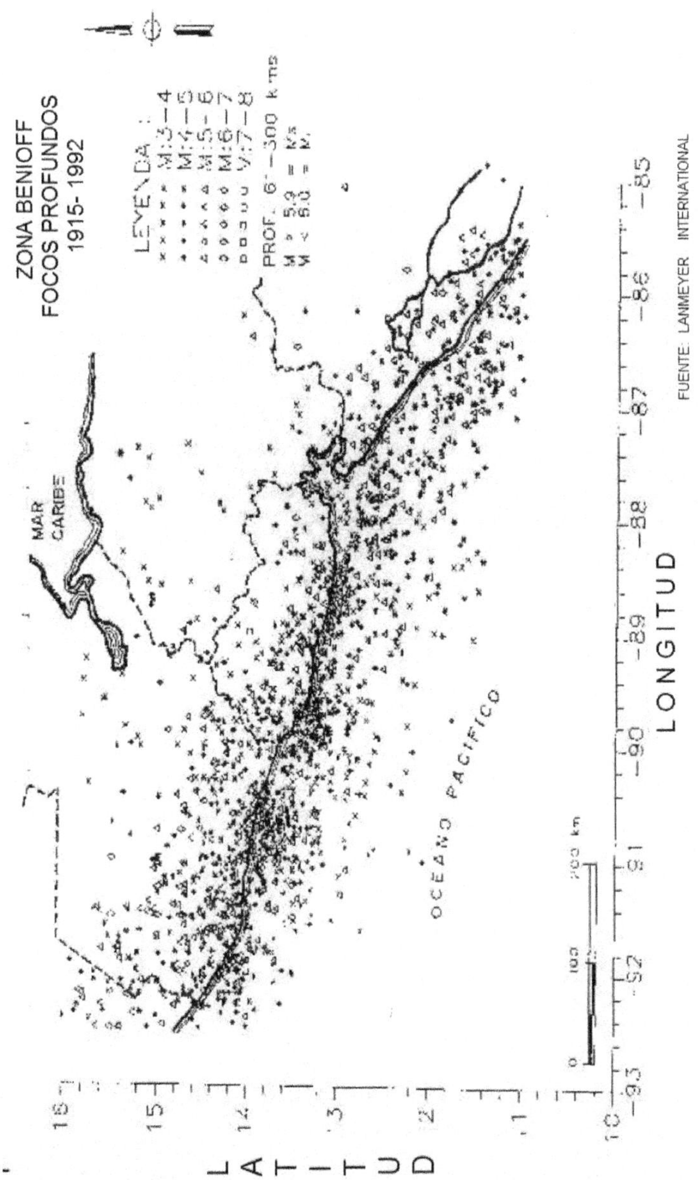

Figura 26.

Figura 27. Zona Benioff. Focos Poco Profundos

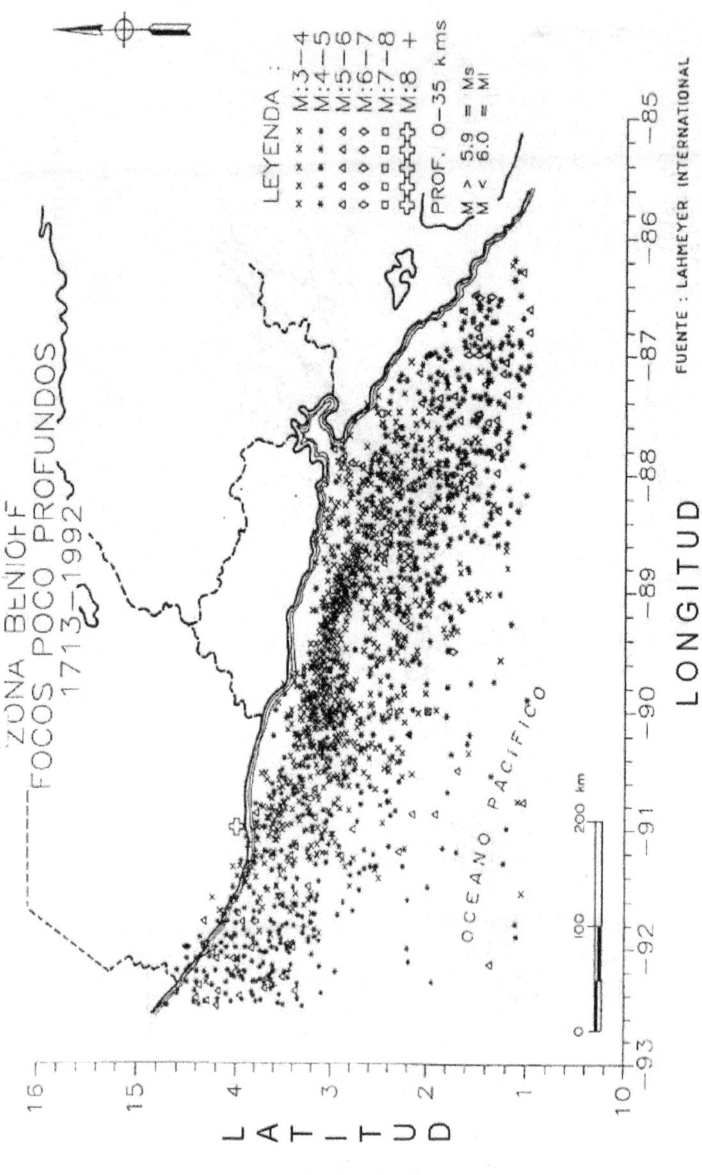

Figura 27.

Figura 28. Zona Benioff. Focos Intermedios

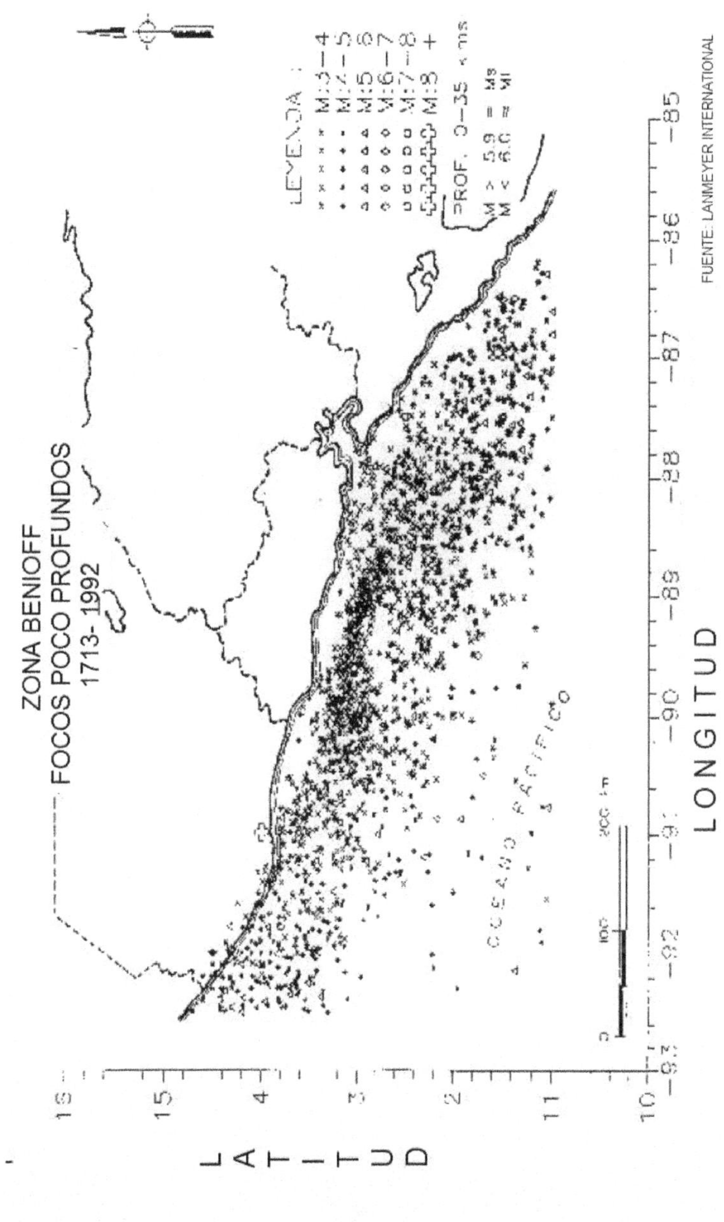

Figura 28.

Figura 29. Cinturón Volcánico (1730- 1992)

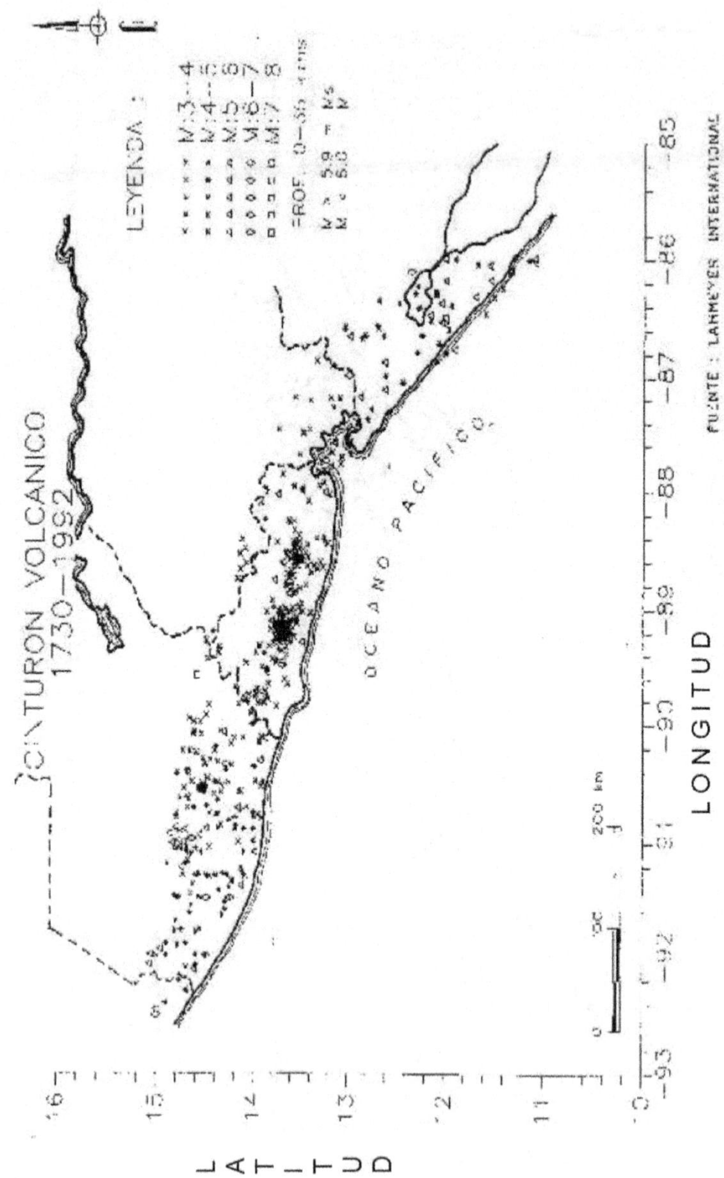

Figura 29.

Figura 30. Desplazamiento

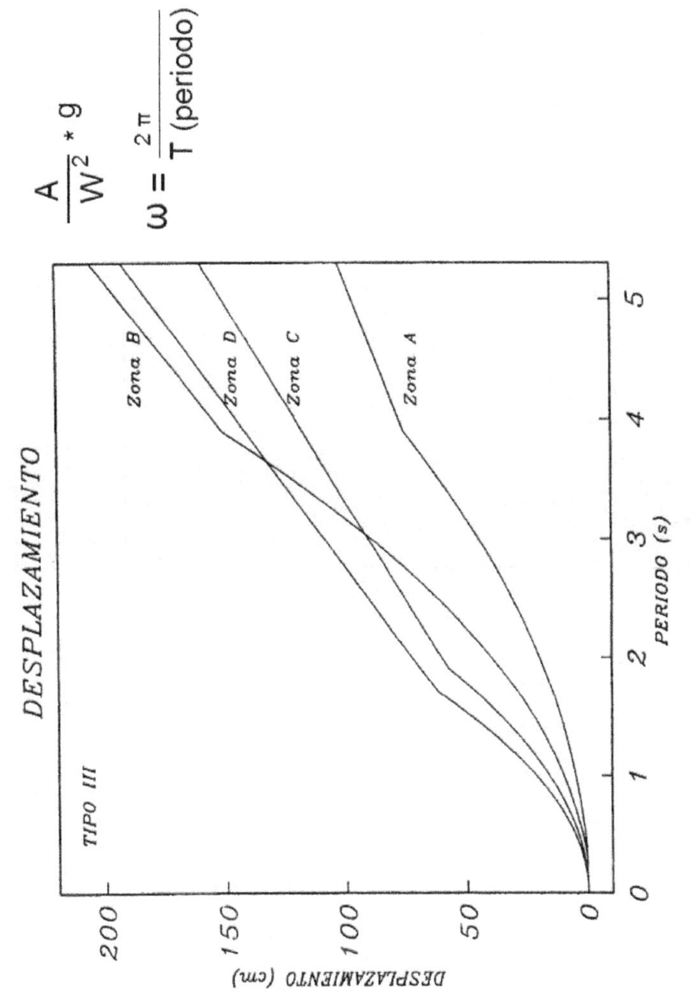

Figura 30.

Figura 31. Velocidad

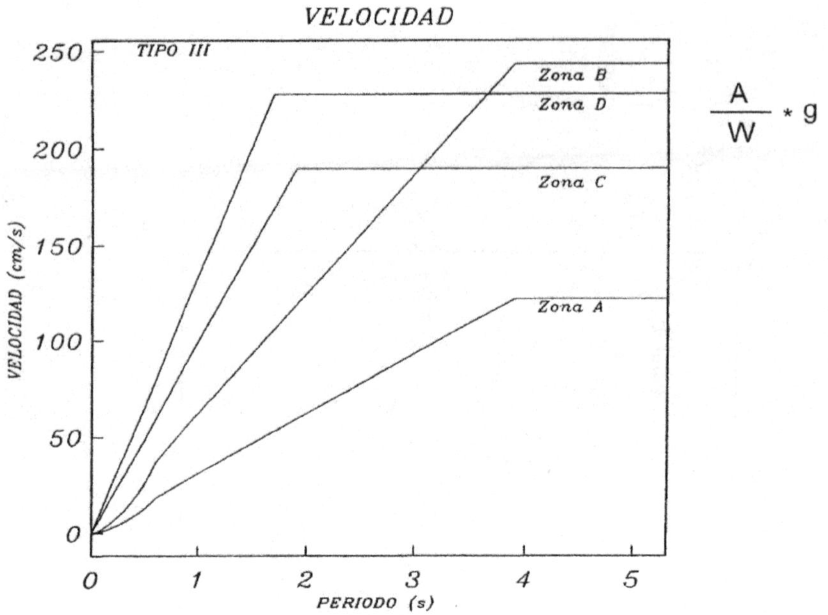

Figura 31.

Figura 32. Espectros de Aceleración

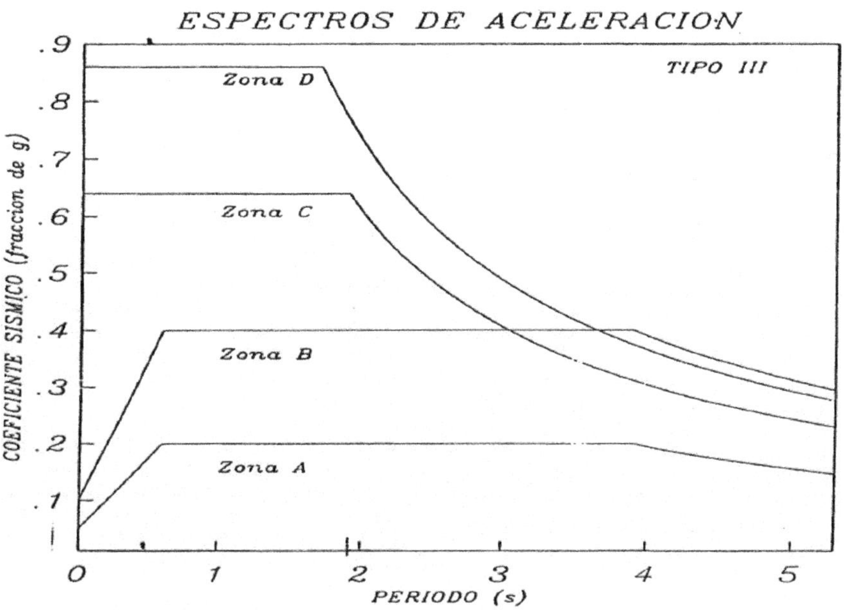

Figura 32

Figura 33. Espectros de Diseño

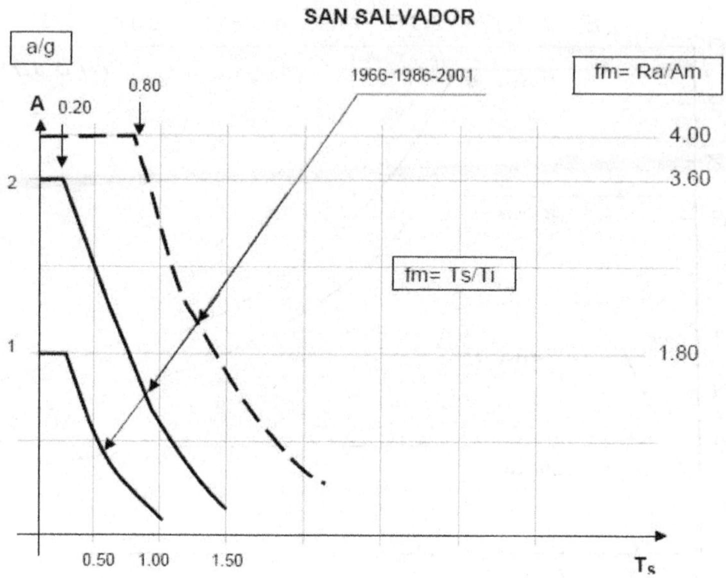

ESPECTROS DE DISEÑO

Simbología:

1966- Primer Reglamento Sísmico

1986- Espectro del terremoto de 1986.

2001- Espectro sugerido desde 1976 por Colindres

fm = Factor de magnificación
Ts = Periodo
g = aceleración de la gravedad

Figura 33

Figura 34. Preparación de los Espectros

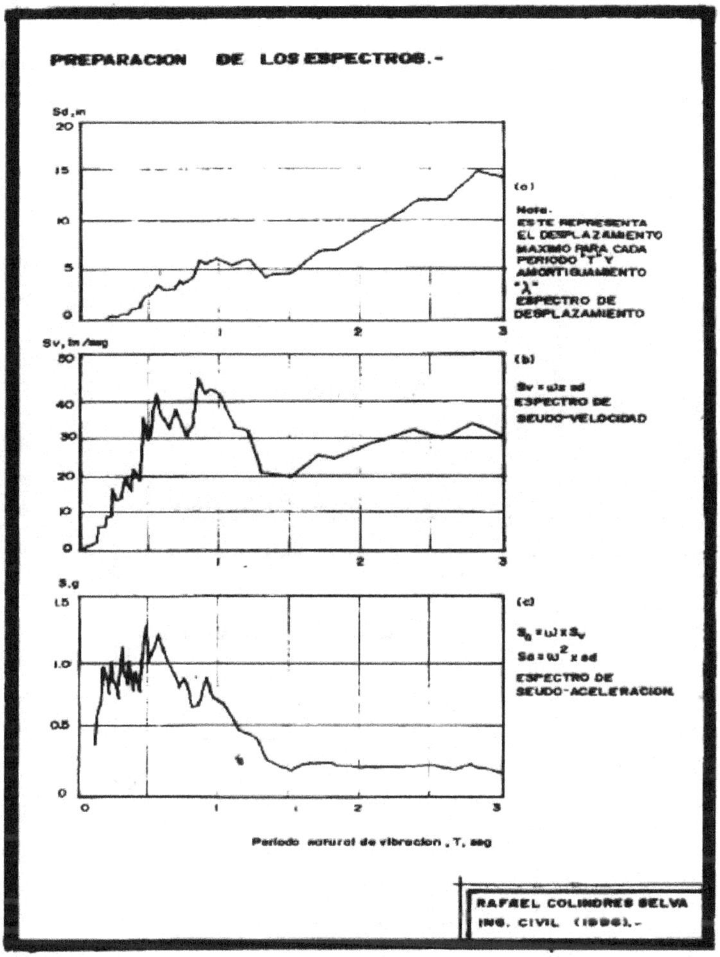

Figura 34.

Figura 35. Construcción de un Espectro de Respuesta

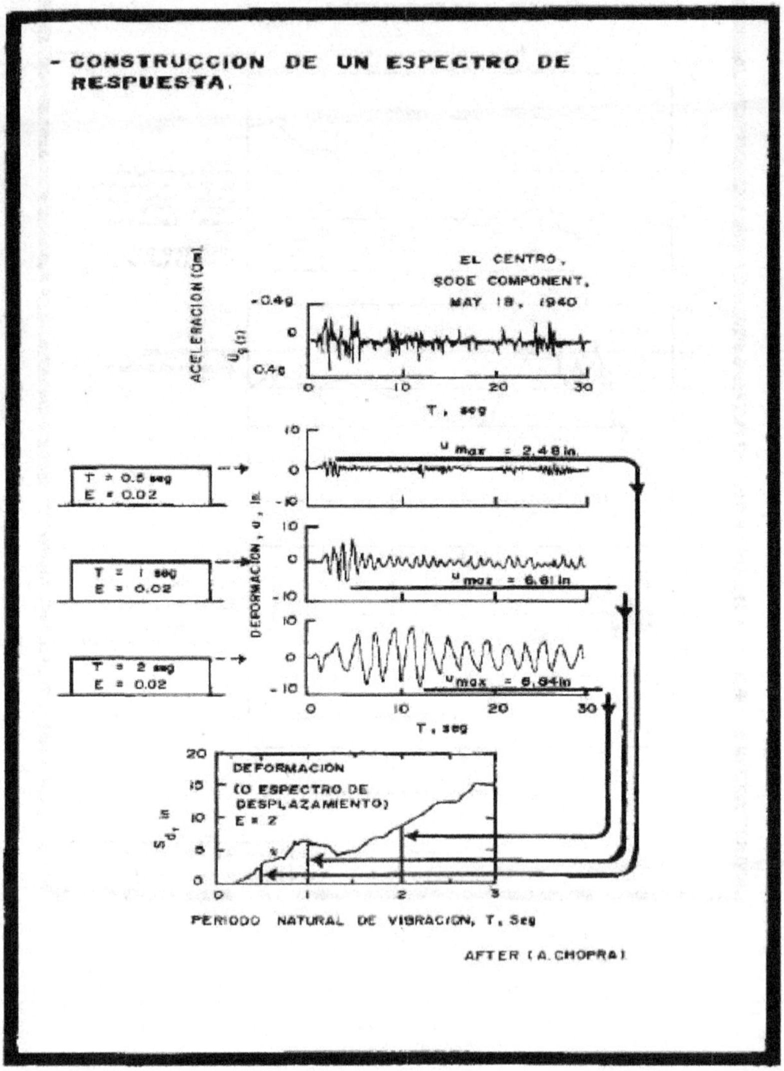

Figura 35.

Figura 36. Tabla para Cálculo de Período de Resonancia (suelo estratificado)

RAFAEL COLINDRES SELVA
INGENIERO CIVIL

TABLA PARA CALCULO DEL PERIODO DE RESONANCIA (SUELO ESTRATIFICADO)

SAN SALVADOR

ESPESOR	G	ν	Es	Mz	α	kz	Pv	ρ	Vs	T
ESTRATO d (m)	t/m²		t/m²	m²/t	m^3/t	t/m^3	t/m^3	t-s²/m^4	m/s	seg.
2.00	3000	0.3	7800	0.00012821	0.00025641	3900	1.6	0.16	135.62	0.0580
2.00	7000	0.3	18200	5.4945E-05	0.00010989	9100	1.5	0.15	213.96	0.0374
2.00	5000	0.3	13000	7.6923E-05	0.000153846	6500	1.7	0.17	168.86	0.0471
10.00	8000	0.3	20000	4.8077E-05	0.000480769	2080	1.3	0.13	245.70	0.1528
D= 16.00										0.3063

S.U.C.S.	(kg/cm3)
M.H.	2.80 a 4.85
C.L. a M.L.	2.10 a 3.50
C.L. a M.L.	3.50 a 6.90
S.U. y S.C.	5.50 a 8.30
S.P.	6.90 a 9.00
S.M. a S.W.	8.30 a 12.00

T= 0.3063

Que es período de resonancia
del suelo de la zona

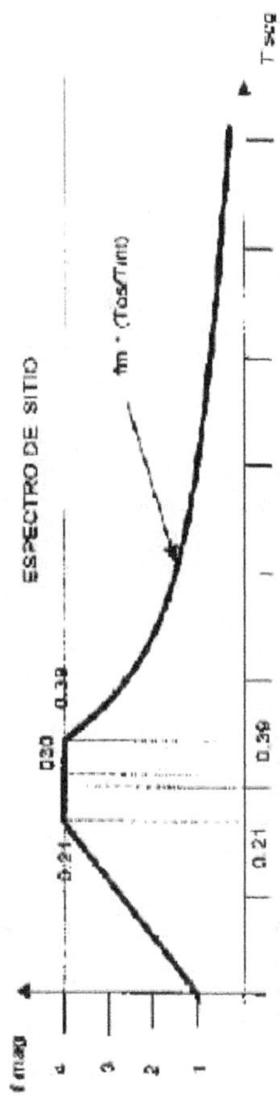

Figura 36.

Figura 37. Espectro de Diseño Zona ANDA (CU)

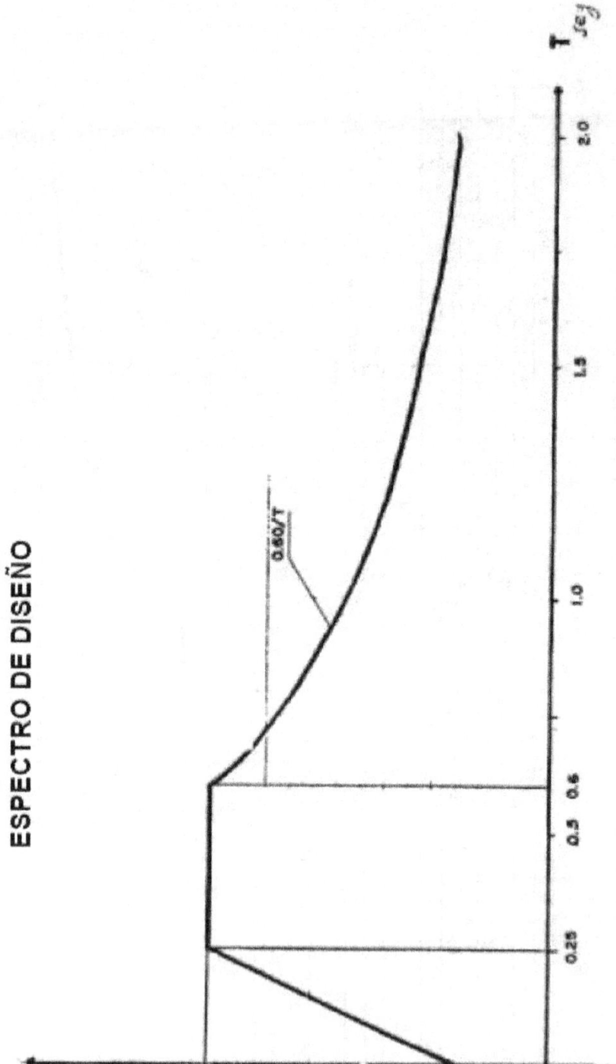

Figura 37.

TABLA 1. Altura recomendada para los edificios en San Salvador

ESPESORES DE CAPA DURA

	g	T(s)		G (t/m^2)	Ra (cm/s^2)	fm	D(m)
IGN	0.54	0.70			1570	3.30	24.50
	0.47	0.15	0.75	2592			27.00
	0.41	0.81					28.35
CIG	0.43	0.30			1500		10.50
	0.40	0.11	0.28	2303			9.50
	0.71	0.251			1942	2.80	8.75
SISM	0.66				2322	3.60	
	0.37						
	0.54						
IVU	0.38	0.20					7.00
	~	~	0.25	2592			9.00
	0.70	0.30			1570	2.96	10.50
HCR	0.35	0.50					17.50
	0.26	0.25	0.43	3126			17.00
	0.48	0.45			1570	3.30	15.75
UCA	0.39	0.25					19.25
	0.21	0.22	0.51	2491			18.00
	0.44	0.49			1374	3.60	17.15
HST	0.22	0.31					10.85
	0.15	0.14	0.26	2670			9.50
	0.32	0.21			981	3.11	7.35

(Ing. Rafael Colindres Selva, 1997)

Tabla 1.

Tabla 2. Espesores de capa dura

ALTURA RECOMENDADA PARA LOS EDIFICIOS EN SAN SALVADOR

LUGARES (Zonas de influencia)	PERIODOS DEL SUELO (seg)	ALTURAS RECOMENDADAS EN PISOS
CIUDAD DELGADO	0.75 (0.47)	DESDE 1 A 5 Y DE 10 A 25
LA CHACRA	0.28 (0.11)	A PARTIR DE 3 HASTA 25
CIUDAD UNIVERSITARIA	0.25 (0.10)	A PARTIR DE 3 HASTA 25
METROCENTRO	0.43 (0.25)	HASTA 2 Y DESDE 5 A 25
UCA	0.51 (0.22)	HASTA 3 Y DESDE 7 A 25
HOTEL EL SALVADOR	0.26 (0.14)	A PARTIR DE 3 Y HASTA 25

(Ing. Rafael Colindres Selva, 1997)

Notas Aclaratorias:

- La altura de 25 pisos no es limitativa, solo recomendable.
- En Suelos rígidos tipo San Salvador, son recomendables edificios elevados.
- Los edificios de 2 a 4 pisos por ser más vulnerables, deben ser "exageradamente" calculados.
- Los valores entre paréntesis son para movimientos verticales.

Tabla 2.

REFERENCIAS

1. Consideraciones sobre Diseño Sísmico por Dr. Emilio Rosenblueth, Banco Inmobiliario de Guatemala (1959).

2. Normas para diseño de construcciones en Acapulco, Revista de Ingeniería, México D.F. (1962).

3. Reglamento de Diseño Sísmico, República de El Salvador (1966).

4. Estudio comparativo entre los análisis sísmico, estático y dinámico para una estructura de concreto. Tesis profesional de Rafael Colindres Selva, Universidad de El Salvador (1968).

5. "Dinámica de Suelos y Estructuras" por Rafael Colindres Selva, Edit. LIMUSA-NORIEGA, 1ª Edición (1983) y 2ª Edición (1993), México D.F.

6. "Interacción Suelo-Estructura" por Rafael Colindres Selva, Edit. FUNDASISMICA, San Salvador (2001), 2ª edición.

Comunicaciones personales con:

Dr. Emilio Rosenblueth D., 1965, 1990, 1993.
Dr. Charles F. Richter (1976) Pasadena, California, U.S.A.
Dr. Leonardo Zeevaert W. UNAM (1974-1976-1978-1980-1990), México D.F.
Dr. Nathan M. Newmark (1976) (1978), San Salvador, Washington D.C.

Todas relacionadas al tema tratado.

ACERCA DEL AUTOR

RAFAEL COLINDRES SELVA. Nació en San Salvador en 1934. Obtuvo su grado de Ingeniero Civil de la Universidad Nacional Autónoma de México y de la Universidad de El Salvador. Realizó estudios de post-grado en Ingeniería avanzada en las universidades de Lehigh, Purdue y Southern California, en los Estados Unidos. Fue profesor en diversas instituciones incluyendo la Universidad de El Salvador, la Universidad Autónoma Metropolitana – Azcapotzalco (México), Universidad Iberoamericana (México), Universidad Politécnica de Puerto Rico, entre otras. Estando en México en los años Ochentas, trabajó con Leonardo Zeevaert y Heberto Castillo, dos grandes expertos de las hiper-estructuras. En aquellos años, fue Sub-Director Técnico del IMCYC (Instituto Mexicano del Cemento y el Concreto). Entre sus principales obras de ingeniería se encuentran: la re-cimentación y enderezado de la capilla del Pocito, en la Villa de Guadalupe en México; los cálculos estructurales del Hospital Militar en San Salvador y más recientemente de las Torres Telefónica, frente al monumento al Salvador del Mundo.

RAFAEL COLINDRES SELVA es autor de las siguientes obras:

"Dinámica de Suelos y Estructuras" (LIMUSA, 1983)

"Estructuras Hiper-Estáticas" (LIMUSA, 1985)

"Estructuras Indeterminadas" (Universidad Tecnológica de El Salvador, 1998)

"El Sol No Sale en el Norte" (Novela inédita)

"Terremotos en El Salvador" (Segunda Fundación, 2001)

"Interacción de Suelos y Estructuras" (Fundasísmica, 2001)

"Mecánica de Suelos Aplicada a Recimentaciones (Fundasísmica, 2003)

"La Oligarquía en El Salvador: Ayer, Hoy y Siempre" (Segunda Fundación, 2003)

Made in the USA
Monee, IL
19 October 2026

66035227R00056